생각의 구축

KB208603

생각의 구축

아이디어를 구현하는
건축가의 사고법

이용주

추천의 글 1

건축은 단순히 건물을 짓는 것을 넘어 문화와 상상력을 창조하는 분야로, 인류의 창조성을 넓히는 데 기여해 왔다. 이것이 바로 이 책의 핵심 메시지와 연결된다. 저자는 책을 통해 새로운 기술과 그 기술의 논리 체계가 어떻게 미래적 디자인으로 구현되는지 구체적으로 보여준다. 건축가적 사고 과정 속에 공간의 서사, 과학적 접근과 합리적 추론 그리고 놀랄 만한 상상력이 교차하며 결국 분야와 학문을 넘어 곧 우리 앞에 다가올 몰입형 환경을 어떻게 창조해야 하는지에 관해 제시한다.

이 책은 한 마디로, 창조적 융합이 무엇인지 독자에게 생생히 일깨워주는 일종의 '멀티미디어적 접근'이다.

안드레 하케
컬럼비아대학교 건축·계획·보존 대학원 학장
정치적 혁신 사무소(Office for Political Innovation) 설립자

Andrés Jaque
Dean of Columbia University's Graduate School of Architecture,
Planning and Preservation, and Founder of the Office
for Political Innovation

추천의 글 2

이 책은 상상력으로 무장된 새로움의 건축을 만들어내기 위한 많은 노력과 땀의 결과물이다. 아이디어의 건축적 구현과 창의적인 디자인 사이의 관계 속에서, 저자는 건축을 뛰어넘는 새로운 영역의 정의와 통합을 묻는다. 일반적인 건축 공간의 개념과 조형을 거부하고, 지금까지 없었던 언캐니(uncanny)한 공간을 탐색한다. 더 나아가 건축을 규정하는 개념부터 물리적인 요소까지 근본적인 부분에서의 의문으로 시작하여, 이제껏 존재하지 않았던 다양한 부분의 건축적 발견을 실현한다. 마지막으로 그의 다양한 실험들은 예술적 차원으로 승화되는 최종 결과물을 제시하여 우리의 사고를 한껏 넓혀준다.

장윤규
국민대 건축학과 교수
운생동건축 대표

들어가며

꽤 심심한 환경의 학창 시절부터 영화 속 기이한 세계에 이끌렸고, 조금씩 나이가 들어가며 머릿속 아이디어를 이야기로 구현하는 창작자들을 동경했다. 어떻게 해야 영화를 만드는 사람이 될지 알지 못했기에 나름 가장 비슷해 보이는 건축학과에 진학했다. 여전히 그렇지만, 철저한 효율 중심에 인문학적 감성을 살짝 끼얹은 한국 모더니즘의 압도적 위엄에 그다지 흥미를 느끼지 못했다. 이제는 언급조차 되지 않는 전형적인 페이퍼 아키텍트(Paper Architect, 실제로 지어지지 못하는 아이디어를 가지고 종이에 이미지만 그린다는 뜻으로 만들어진 약간 비하적 명칭)인 마르코스 노박이나 라스 스퓌브록 그리고 레비우스 우즈 등이 그 당시 나에게는 록스타이고 아이돌이었다. 어떻게 만들어졌는지 상상조차 할 수 없는 이미지들과 그것을 설명하는 논리만으로 스스로를 건축가라고 주장하는 그들은, 노란 트레이싱지를 돌려가며 이리저리 방 배치를 하고 종이로 풀 자국 없는 가구 모형을 만드는 것이 목표인 학부생에게는 강렬한 자극이었다. 어쩌면 그들의 작업 자체보다도 현실의 수많은 문제 따위는 개한테 줘버린 채, 궤변에 가까운 논리를 너무나 자신만만하게 풀어대는 그들의 태도를 동경한 것 같다. 그리고 운 좋게도 학부 졸업 후 나는 그 당시 가장 진보적인 건축학교인 뉴욕 컬럼비아대학교 대학원으로 진학했고, 괴상한 이미지들과 뒷받침하는 주장이 객관적인 근거라고 하기에는 지극히 개인적인 사고 과정을 거쳐 나온다는 사실을 깨달았다. 개인적이지만 탄탄한 논리를 들어보고 거기에 덧붙여 자신의 견해를 밝히는, 무엇보다 서로의 이야기를 들어주고 존중하는 문화가 그 배경에 있었다.

건축에서의 설계 교육은 어쩌면 개인의 머릿속에서 장치와 조건을 만들어 실행하는 일종의 '사고 실험의 반복'이며 '논리 싸움의 훈련'이다. 도면·모형·투시도로 나오는 결과물이야 당연히 타 분야와의 차이점이지만 학문이라고 말하기에는 이상할 정도로 개인의 사고 과정을 설명하는 데 상당한 시간을 쏟고, 그것이 프레젠테이션의 주된 내용이다. 따라서 건축은 단순히 집을 짓는 범주를 넘어선다. 건축 과정을 초기 콘셉트를 실제로 구현하는 것으로 이해한다면, 이는 창작자의 생각을 구축하는 모든 것을 포함한다. 개인이 머릿속으로 하는 사고가 외부로 확장되어 물리적으로 구현되는 일종의 '번역(Translation)' 자체를 건축 행위라고 볼 수 있다.

실재와 상상 모두를 높은 수준까지 끌어올리고 그것이 만나는 지점을 찾고, 결과물 자체에 집착하지 않고 번역 과정에 초점이 맞춰지면 아이디어를 발전시키는 초반 단계부터 괴상한 생각들이 들어찬다. 건축잡지나 전공 서적이 아닌 타 분야를 향한 관심은 영화·음악·소설·과학·철학 등 사방팔방으로 뻗어 나간다. SF소설에 수도 없이 등장하는 뇌만 남은 사고체의 이야기, 인터넷 기사에서 얼핏 본 스티로폼을 먹는다는 벌레, 사유의 중심이 인간이 아니라는 어떤 철학자의 주장이나 영화에서 본 기계와 유기체가 결합한 이미지 등에서 아이디어가 시작된다. 그리고 디자인에 적용할 수 있는 정도로 발전된 해당 분야에 대한 조사와 연구가 뒤따르는 것은 당연한 일이다. 안타깝게도 국내에서 건축을 바라보는 경향과는 거리가 있기에 전략적으로 어떤 태도와 위치를 취해야 먹히는지에 대한 고민은 있다. 모든 것이 지극히 개인적인 관심사와 취향에서 나왔지만, 어떤 방식으로든지 대중에게 존재감을 보여줘야 하는 것은 건축가라는 직업의

필수 조건이다.

디지털 건축이라는 표현조차 촌스럽게 느껴지는 현시점에 다소 경직되게 느껴지는 건축 분야의 확장이 필요해 보인다. 다시 영화 이야기를 하자면, 현재 세계적으로 주목받는 우리나라의 영화는 높은 완성도와 더불어, 거대 자본이 투입된 액션 영화부터 작가주의 혹은 저예산 독립영화까지 여러 분야가 저마다의 방식으로 결과물을 만들어내고 있으며, 관객들 또한 그 다양함에 익숙하고 나름의 방식으로 소비하는 방법을 알고 있다. 그에 비해 우리 건축은 그다지 많은 장르를 지니지 못하고 그것을 인식하는 일반인도 많지 않은 것 같다. '이런 것이 건축이다'라는 속 좁은 생각은 잠시 접어두고 지극히 개인적인 사고 과정 또는 타 분야와의 접점을 찾는 모든 과정으로 건축의 영역을 확장해 나가보고자 한다. 그 덕에 지나가던 사람들의 관심을 조금이라도 불러일으키고 일상을 보내는 사람들이 건축에 아주 잠깐이라도 시선을 돌려 반응한다면 건축가는 어느 정도 자신의 역할을 한 것이다.

우리 주변의 모든 것이 건축이다.

이용주

차례

추천의 글 _____ 4

들어가며 _____ 6

1   맞춤집 _____ 12

2   이끼기둥 _____ 32

3   필라멘트 마인드 _____ 50

4   뿌리벤치 _____ 66

5   분해농장＋애벌레 건축 _____ 84

6   면목119안전센터 _____ 100

7   Dynamic Performance of Nature _____ 116

8   SEAT _____ 134

9   공포가변 _____ 148

10 컨플럭스 _____ 166

11 파도 파빌리온 _____ 178

12 무드맵 _____ 194

13 회현동 앵커시설 _____ 206

14 흩어지다 _____ 230

15 윙타워＋바람모양＋플라워링 _____ 246

16 SoftShelf _____ 262

17 Vernacular Versatility _____ 276

부록 _____ 290

1

맞춤집

과연 4차 산업혁명은 우리의 건축에 조금이라도
영향을 끼칠 수 있을까? 전통 건축과의 접목을
통해 그 가능성을 찾아보고자 한다.

집 짓는 로봇까지는 아니지만

예전에 텔레비전 방송이 끝나고 애국가가 나올 때 우리나라가 얼마나 좋은 나라인지를 보여주는 여러 장면 중에 단골로 등장했던 것이 자동차 공장에서 똑같이 움직이는 여러 대의 산업용 로봇이었다. 육중한 물체를 들고 끊임없이 옮기고 용접하는 모습은 당시 최첨단 기술의 상징이었다. 그리고 그 로봇팔이 이제야 한국 건축계로 들어오고 있다. 공학과 예술의 경계에 있으며 인문학을 아우르는, 인류의 역사만큼 오래된 건축은 매우 보수적이며 한편으론 경제 상황에 매우 민감하다. 이러한 업계 · 학계에 산업용 로봇은 미학적 · 역사적 · 효율적 가치와는 아예 동떨어진 장비이며, 이것이 건축과 어떤 관련이 있는지도 대부분의 건축 관계자 역시 이해하지 못한다. 그럼에도 몇몇 국내 대학이 이 장비를 사서 첨단학과를 선도한다는 이미지를 만들고 있으며 젊은 유학파 교수들을 데려다가 뭐라도 해보기를 기대하고 있는 상황에서 나 역시 그런 역할을 부여받았다.

그러면 도대체 이 장비는 무엇이고, 무엇을 할 수 있는가? 산업용 로봇팔(Industrial Robotic Arm)이 정확한 명칭이며 애초에 건축 · 시공 장비가 아니기에 무엇이든 할 수 있지만, 사용 목적은 건축가가 스스로 찾아내야 한다. 이 세계의 선구자는 당연히 미국·독일·영국 등 서구 대학이다. 건축학이 공대도 아니고 미대도 아닌 독립적인 대학(School of Architecture, 공과대학 안의 건축학과가 아니다)으로 존재하며, 취업률에 대한 타 전공과의 비교는 중요치 않고 취업 후 실무를 위한 교육보다는 한국식 표현으로는 정확히 정의 내리기 어려운 건축학 자체를 교육한다. 따라서 교수의 관심사에 의한 순수한 지식 탐구에 학문적 가치가 생긴다. 이렇게 교육(Academy)과 실무(Field)를 분리해 버린 이들은 로봇팔만을 다루는 석·박사 학위를 만들고 끊임없이 새로운 프로젝트를 진행한다. '그래서 그게 건물이랑 무슨 상관인데?'라는 질문은 이 세계에 통하지 않는다. 이런 것도 가능하다고 주장하며 남들이 하지 않는 희한한 디자인과 재료·시공 방법을 도입하고 제안하는 것이 이 세계에서의 건축이다. 아주 약간의 건축적 가능성만 믿고 미래에 초점을 맞춰 밀어붙인다. 따라서 남들이 무엇을 하고 있는지, 트렌드가 무엇인지 정확히 파악하고 있어야 한다. 연구자 입장에서 보면 이미 결과가 나온 연구를 반복하지 않는 것과 마찬가지다. 그것은 복기일 뿐이다.

로봇팔이 드론과 함께 부재를 나르고, 생화학적 3D 프린팅 노즐을 로봇팔에 달아 무언가를 구축하는 시점에서, 후발 주자로 그저 새로운(이 말이 매우 모호하다) 건축 디자인과 시공 방식을 제시한다는 것은 쉽지 않다. 그렇게 찾아낸 영역 중 하나가, 반드시 디지털 소프트웨어를 이용하여 디자인할 만큼 복잡한 논리 시스템을 갖췄으면서도 완벽한 배경지식이 존재하는 전통 건축이었다.

우리의 전통 건축은 목재를 기반으로 복잡한 맞춤식 구조를 사용한다. 동아시아가 공유하는 목조건축 방식은 일본이 현대 디자인에 적극적으로 도입하면서, 일본 고유의 것처럼 서구에 알려졌다. 그에 비하면 철저히 효율 중심으로 건축을 바라보는 한국에서 비효율적인 전통 목구조가 비집고 들어갈 만한 구석은 많지 않다. 명확한 구조와 재료라는 틀이 잡혀 있지만, 현대에 변형·적용된 예가 많지 않다는 점에서 실험의 '새로운' 결과물을 만들어내기 위해서는 적절한 사례(Reference)다.

로봇이 풀어낸 전통 건축

'맞춤집'은 한국 전통 목구조 중 사개맞춤을 적극적으로 사용하였다. 사개맞춤은 기둥과 두 방향의 보를 결합하는 방식으로 별도의 부재 없이 부재 간 볼륨을 깎아 맞추는 장인들의 결과물로 작업자와 지역에 따라 그 형태가 조금씩 다르다. 이 프로젝트는 틀어진 축에 의해 다시 한번 변형되어야 하는 결구법이기에 가장 단순하고 직관적인 사개맞춤을 사용하고자 했고, 그 특징이 가장 잘 드러난 예가 무량수전의 그것이었다. 기존 세 방향의 기본 축을 네 방향으로 늘려 높이를 포함한 모든 방향으로의 확장을 가능하게 했다. 무엇보다 틀어진 축을 도입하여 전통 건축에서 가변적으로 적응하는 결구의 가능성을 실험했다. 뒤틀린 3차원 그리드는 239지점의 사개맞춤으로 이루어져 공간을 만들게 되었다.

15도로 기울어진 기둥(Z축)은 받을 장(Y축), 엎을 장(X축)과의 접촉 면적을 늘려 구조적 안정을 가져오는 동시에 전통에서 보지 못한 형태적 탐구를 가능하게 한다. 기존 하나의 교차점을 공유하던 세 축은 틀어지면서 두 개의 교차점으로 분화하고, 세 레벨의 턱은 계속 분화하여 12개의 단차를 만든다. 이 공간은 길이 500밀리미터에서 1,700밀리미터 사이의 수평부재 233개와 수직부재 241개가 짜여 만든 가로 5미터 x 세로 4.2미터 x 높이 3.7미터의 공간이다. 일곱 층으로 된 모듈 단위로 이루어져 있으며 내부에 벤치를 포함한 쉼터를 구성했다. 반투명 한지가 붙은 창호가 구조를 막아 자연스럽게 빛의 유입과 내외부의 적극적인 소통을 가능하게 한다. 사개맞춤은 설정된 컴퓨테이션 규칙 안에서 작동하며, 이렇게 만들어진 3차원의 퍼즐은 서울과학기술대학교 건축학과의 로보틱 패브리케이션 스튜디오(RFS, Robotic Fabrication Studio)가 보유한 산업용 6축 로봇(ABB사의 IRB-4600)으로 가공되어 조립된다.

　　일반적으로 디지털 툴이 디자인하고 로봇팔로 시공한다면 사람이 하던 많은 일을 기계가 대신한다고 생각하기 마련이다. 사람의 일이 줄지 않는다면 당연히 로봇을 쓸 이유가 전혀 없다. 하지만 그 기술을 처음 사용하는 창작자에게 궁극의 효율성 달성보다는, 기술을 극대화하여 표현된 결과물을 제시하는 것이 더욱 큰 목표다. 그것을 위해 과정과 디자인에서 의도적 과장이 일어나기 마련이고, 존재하지 않았던 작업환경을 아예 새롭게 구축해야 한다는 점에서 사람이 해야 할 일은 오히려 늘어난다. 맞춤집은 규모에 비해 복잡한 디자인으로 목재 가공에 3개월, 시공만 1개월이 걸렸다. 로봇 패브리케이션으로 구현할 수 있는 극단(極端)을 만들어보고자 한 실험으로 보는 것이 적당할 듯하다. 무엇보다 이 모든 것을 가능하게 하는 것은 건축가 스스로가 건축주라는 점이다.

○

전체적인 형상은 뒤틀린 3차원 축과
사방으로 확장 가능한 모습을 과장하여 드러냈다.

○
239지점의 뒤틀린 사개맞춤이 공간을 구성한다.

○
그리드 사이사이에 반투명의 전통 창호가 안팎의 경계를 구획하는 레이어를
이룬다. 전통 건축에서 차용한 이미지라는 것을 직관적으로 드러내려 했다.

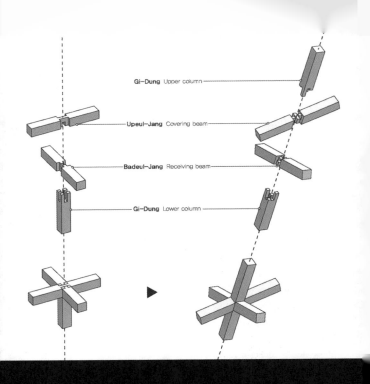

Gi-Dung Upper column

Upeul-Jang Covering beam

Badeul-Jang Receiving beam

Gi-Dung Lower column

○

기둥, 받을 장, 엎을 장으로 이뤄진 기존 사개맞춤의 구성을 변형했다.
대부분 컴퓨터로 디자인 과정을 거쳤지만 최종 형태는 모형으로 검증했다.

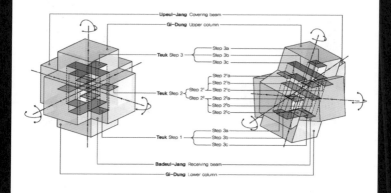

일종의 3차원 퍼즐인 사개맞춤은 3축이 만나면서 3개의 턱이 만들어지는데,
그래스호퍼(맥닐사의 3D 소프트웨어인 라이노의 그래픽 알고리즘 툴로, 세계적으
로 가장 많이 사용되는 건축 알고리즘 소프트웨어)로 변형한 새로운 형태에서는
이를 12개의 턱으로 분화하여 새롭게 시스템화했다.

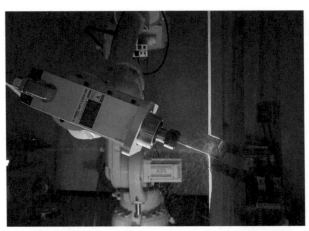

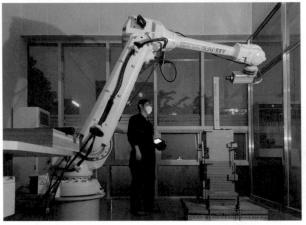

○
로봇팔은 24시간, 365일 일하지만 사람 역시 그 옆에서 보조를 맞춰야 한다.

○
475개의 부재는 상당수가 제각각 다른 형태를 지닌다. 자른 부재가 많을수록 구분을 위해 반드시 이름을 붙이고 공간상 위치를 파악해야 한다.

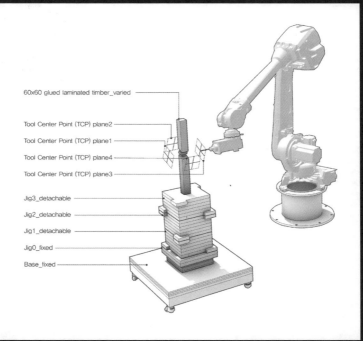

60x60 glued laminated timber_varied

Tool Center Point (TCP) plane2
Tool Center Point (TCP) plane1
Tool Center Point (TCP) plane4
Tool Center Point (TCP) plane3

Jig3_detachable
Jig2_detachable
Jig1_detachable
Jig0_fixed
Base_fixed

○
목재를 가공하는 작업환경 자체를 디자인하는 일이 로봇팔을 사용한 프로
젝트에서 상당한 비중을 차지한다. 로봇팔과 소프트웨어 간 오차는 0이지만
각재 자체의 오차, 작업자가 손과 눈으로 배치한 주변 장비들, 드릴로 깎을
때의 진동 등에 의한 오차를 줄이기 위해 오랜 시간 시행착오를 거치고 작업
환경을 개선해 나간다.

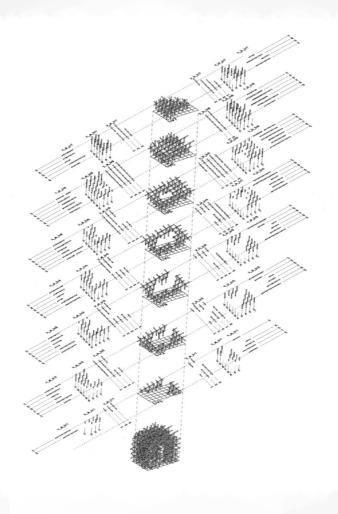

○

내부에 일체형 벤치를 끼워 넣어 쉼터로도 쓰이도록 했다.

○

창호를 제외한 단일 목구조로 만들어진 새로운 패턴.

전통적인 형태의 등을 현대적으로 구현했다. 동아시아가 건축적으로 공유하는 목구조에서 미학적으로 확연히 도드라지는 한국의 모습을 표현하고자 하였다. 역사적인 이유로 예상치 못한 지점에서 왜색으로 비난받기 쉬운데 이를 피해 가는 것도 한국 건축가가 반드시 지녀야 하는 능력이다.

○
전통이든 최첨단이든 목구조는 미래 친환경 건축의 핵심이다.

2

이끼기둥

건축에서의 친환경 디자인은 그 말이 무색하게
철저히 에너지 효율과 재료의 재활용에 그칠 뿐,
철과 콘크리트의 사용이라는 기존 시공 방식에서
전혀 벗어나지 못하고 있다. 이 프로젝트를 통해
인간과 자연의 공생이라는 측면에서 현대 건축을
직시하고, 공생체로서의 인간에 대해 고찰하고자 한다.

기존 디자인의 콜라주

내가 서울과학기술대학교에 부임한 후 만들어진 Robotic Fab-
rication Studio의 산업용 로봇은 설치 이후, 거의 끊임없이 무
언가를 가공하고 있다. 학과 예산 일부가 로봇에 배정되었기에
기계를 최대한 놀리지 않고 계속 돌려야 하기 때문이다. 하지만
교수라는 직업엔 연구나 교육만큼 행정적인 일이 늘 뒤따르기에
잠시 기계가 돌지 못하는 기간이 생기기 마련이었다. 때마침 연
구생과 예산이 남아 있을 때가 아주 잠깐 있었고, 쉬어 가는 차원
에서 기존 몇몇 아이디어를 이리저리 붙이고 짜깁기해 간단한
프로젝트를 실행하게 되었다.

    국립현대미술관 과천관의 초청으로 응모했지만 떨어져 미
완성으로 남은 프로젝트에서 큰 콘셉트를 가져오고(이에 앞서 난 서
울관 초청에서도 최종 탈락한 경험이 있고, 그 프로젝트 역시 모형만으로 존재한
다) 전체적인 패턴은 이후에 소개할 '뿌리벤치'의 것을 변형해 사
용했다. 3D 프린팅의 원재료라고 할 수 있는 작은 플라스틱 조각
인 펠릿이 학교에 많이 남아 있어 재료로 쓰고, 로봇으로 대형 프
린팅을 한 뒤 만들어진 패턴에 이끼를 따라 붙였다. 마침 Digital
Futures가 주최하는 국제 학회가 있다기에 논문으로 써서 제출

했고, 중국 퉁지(Tongji)대학교에서 열린 제6회 Computational Design and Robotic Fabrication 학회에서 베스트 페이퍼 프레젠테이션을 수상했다. 동시에 열린송현 녹지광장에서 열리는 서울시 조각상 초청으로 더 큰 규모의 구조물 세 개를 추가해 설치하게 되었다. 이 프로젝트의 제목은 현재까지 '이끼기둥'이지만 언제 또 다르게 확장되고 변형될지 알 수 없다.

건축에서의 공생

바이러스와 함께 살아가야 함을 깨닫게 한 팬데믹을 겪은 이후, 많은 건축가는 인공의 환경을 새로운 생태계로 인식해야 했다. 건축에서의 친환경 디자인은 그 말이 무색하게 재활용 재료의 적용에 그칠 뿐, 대부분은 철과 콘크리트라는 재료에서 여전히 벗어나지 못하고 있다. 하지만 건축에서의 공생은 현대 문화를 해석하는 새로운 방식으로 이해되어어야 하며, 주변 환경에 속한 공생체로서 인간을 고려해야 한다. 이러한 관점에서 인간과 비인간 또는 인공과 자연 요소 간에 새로운 연결 매체를 발견하고자 했으며, 이 도전을 통해 궁극적으로 인간에게 이익이 되는 방향을 제시하고자 했다. 이를 위해 이끼라는 재료를 사용했다.

이끼는 비관다발 식물로 다른 풀들처럼 마구 자라지 않는다. 또한 모든 영양분을 잎으로 흡수하고, 헛뿌리라고 불리는 머리카락 같은 부분은 부착하는 데에만 사용한다. 그렇기에 이끼는 돌이나 콘크리트 같은 매끈한 면에 몸을 고정해 살아갈 수 있다. 살아 있는 채로 부착(활착)만 잘 된다면 생육에도 문제가 없으며, 꽃이 피는 식물들에 비해 디자인의 초기 의도를 그대로 유지할 수 있다. 또한 다른 식물들처럼 탄소 흡수와 산소 배출을 통해 공기 정화나 습도 유지에도 도움을 준다. 이 프로젝트를 위해 선택한 종은 비단이끼로 인근 자연에서는 물론 온라인 쇼핑으로도 쉽게 구할 수 있다.

'이끼기둥1'은 외골격 시스템으로, 건축 요소와 한 몸이 된 이끼가 인간과 상호작용하는 모습을 보여준다. 복잡한 외부 구조물은 인간 몸 주위를 감싸며 작은 공간을 만든다. 구조물 안에서 사람은 다른 생명과 호흡을 교환하며 생태계에서의 공생을 인지하게 된다. 단일 구조물은 생명체를 모방한 형태로 만들어졌으며, 자연을 주입하되 구조적 안정성을 깨뜨리지 않는 선에서 세분화된 픽셀을 덜어내는 방식으로 디자인되었다. 이 복잡한 기하학을 구현하기 위해 모래 3D 프린터를 사용했다. 높은 해상도 덕분에 내외부 간의 다른 개념을 완전한 하나의 구조

(Monocoque)로 제작하는 것이 가능하다. 모래의 고운 성질은 이끼의 헛뿌리가 단단히 고정될 수 있는 면이 된다. 흔히 접착제에 사용되는 독성물질인 포름알데하이드가 전혀 첨가되지 않은 이 구조물은 가열하면 원래의 모래 상태로 돌아간다.

'이끼기둥2'는 '이끼기둥1'에 비해 이론적으로나 시각적으로 인공과 자연 요소를 혼합하는 방식을 발전시키고자 했다. 이전 프로젝트에서 이끼를 부착하기 위해 불 연산(Boolean operation: 볼륨과 볼륨의 차집합으로 빼내는 방식)을 사용하는 대신, 더 정교한 모양과 패턴을 활용하여 본질적인 혼합물을 만들었다. 이 프로토타입은 이끼의 생육에 적합한 환경을 제공하며, 동시에 기둥의 구조적 역할을 명확히 한다. 이러한 행동을 수용하기 위해 이 프로토타입은 추후 '뿌리벤치'에서 자세히 설명할 반응-확산계(Reaction-Diffusion System)를 적용했다. 가장 기본적인 3D 프린팅 방식인 친환경 플라스틱을 녹여서 적층하는 방법을 산업용 로봇을 활용해 구현해냈고, 각각 조금씩 다른 3미터 내외의 구조물 네 개는 열린송현 녹지광장의 자연환경에 녹아들었다.

○
일상에서도 볼 수 있는 비단이끼는 인터넷 검색만으로 쉽게 구매할 수 있다.

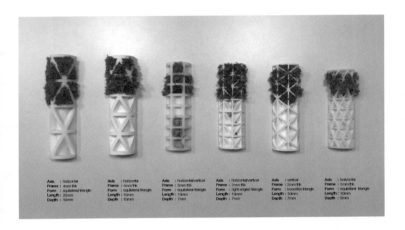

이끼를 끼워 넣어 활착하기 위해 다양한 형태의 픽셀을 디자인하고 테스트
했다. 최적의 모양을 정하기 위해 픽셀화된 녹색을 이용한 여섯 가지 다른
종류의 형태를 적용한 실험이 진행되었다. 각 비교는 축·프레임 두께·형
태·길이 및 깊이에 따라 구분되었고, 결과적으로 한 변의 길이가 15밀리미
터, 깊이가 10밀리미터이고 두께가 4밀리미터인 이등변 삼각형이 선택되었
다. 안정된 부착을 위한 뿌리의 수와 면적, 다각형 배열로 인한 시각적 효과
를 고려했다.

39

○
내부의 이끼를 통해 사람과 건축물이 함께 호흡한다.

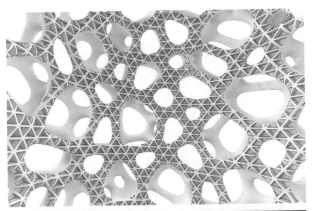

○
세포와 같은 형태로 디자인되었으며 선택된 삼각형 픽셀이
볼륨으로 빠져 있는 불 연산 모델링.

○
0.2mm 높이로 세밀하게 켜켜이 쌓이는 모래 3D 프린팅.

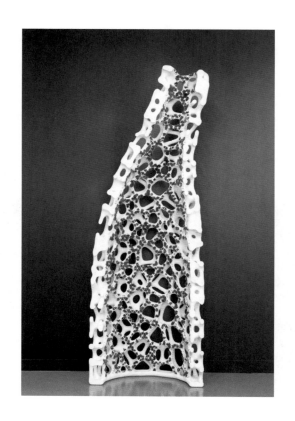

2 이끼기둥

○
'이끼기둥1'의 안과 밖은 그 모습이 확연히 대비된다.

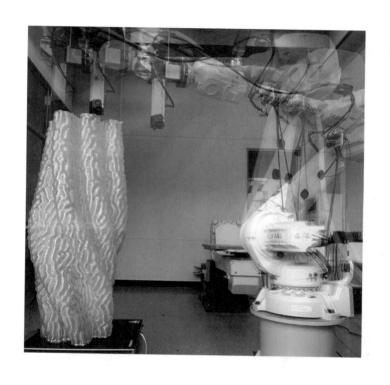

○
작은 플라스틱 펠릿을 녹여 적층하는 FGF(Fused Gradulate Fabrication)
장치를 산업용 로봇에 결합하는 '이끼기둥2'의 제작 방식.

○
오목한 부분에 부착된 이끼가 만드는 패턴.

◯
이끼의 부착.

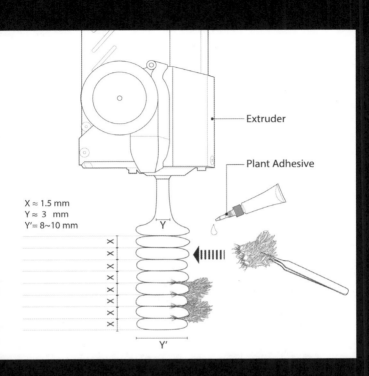

Extruder

Plant Adhesive

X ≈ 1.5 mm
Y ≈ 3 mm
Y'= 8~10 mm

Y

Y'

상대적으로 해상도가 낮은 결과물의 층 사이에 이끼의 헛뿌리가 부착된다.

열린송현의 녹지와 자연스럽게 어울리는 '이끼기둥2'.

3

필라멘트 마인드

생각을 물리적으로 구현한다는 콘셉트에서 시작한
작업으로 공공 데이터를 가공하여 실시간으로
반응하는 결과물을 만들었다.

육체를 떼어낸 정신의 모습

결국 플라톤이 문제다. 플라톤은 '육신은 영혼의 감옥'이라며 물리적 형식 없는 순수한 영혼의 이데아를 추구했다. 이후 2천 년 동안 이어진 서양철학의 이분법적인 기본 세팅은 20세기 후반, 탈구조주의와 그의 문화적 한 갈래라고 볼 수 있는 포스트모더니즘이 나오면서 비로소 깨졌다(고 할 수도 있지만 아주 살짝 금이 간 정도고, 그 금은 다시 잘 붙었다). 희한하게도 포스트모더니즘의 하위 장르로 볼 수 있는 사이버펑크에서는 정신조차 데이터화해 육신은 정말 하찮은 것이 되어버린다. 사이버펑크의 효시인 『뉴로맨서 (1984)』(윌리엄 깁슨의 SF소설, 안철수가 2012년 대선 출마를 선언하면서 인용한 '미래는 이미 와 있다. 단지 널리 퍼져 있지 않을 뿐이다(The future is already here. It's just unevenly distributed).'라는 말을 한 사람으로 우리나라에서 유명해졌으나 그것보다는 훨씬 훌륭한 사람이다)에 처음 등장한 이 소재는 40년이 지나도록 여전히 많은 창작물의 핵심 주제다. 제대로 시각화된 원전이라고 할 수 있는 애니메이션 '공각기동대'로 시작해 현재까지 고상한 소설부터 치고받는 수많은 싸구려 액션 영화에까지 수도 없이 다뤄지는 익숙한 소재다. 아마도 노화할 수밖에 없는 육신을 버리고 디지털 데이터로 영생한다는 생각이 꽤 자극적으로 느껴지는 듯하다. 개인적으로나 디자이너의 입장에서는, 눈에 보이지 않는 생각을 보이도록 물리적으로 구현한다는 시도가 해볼 만한 도전이라는 생각을 항상 해왔다.

　　비슷한 시도를 해볼 기회는 나의 무수한 도전과 마찬가지로, 엄청난 야심을 가지고 시작했다기보다는 몇 차례의 공모전 당선과 수많은 탈락 과정 중에 별생각 없이 제출한 안 하나에 녹아 있었다. 미국 와이오밍주 공공도서관 로비에 영구 설치물을 만드는 프로젝트로, 당시 시장이 불황이었던 탓에 많은 건축가가 공모에 참여했다. 파트너인 브라이언이 실시간 검색어에 따라 불이 들어오는 광섬유로 형태를 만들어보자고 제안했고, 이리저리 디자인해봤지만 아무리 해도 이 방향으로는 못생긴 형태밖에 만들지 못한다는 부정적인 결론을 내렸다. 그러나 대충 낸 스케치는 448팀 중 다섯 팀을 가리는 2차에 올랐고, 우리는 최종 프레젠테이션 전날 밤, 호텔에서 겨우 투시도를 완성할 정도로 전력을 다했다. 스스로 시공해야 하는 상황이니 다루기 쉬운 가벼운 광섬유를 주재료로 선택했고, 이전에 같이 작업했던 후배가 프로그래밍을 도와줬다.

인간의 머릿속은 어떤 모습일까

'필라멘트 마인드'는 사람이 지닌 정보에 의해 작동되는 설치물로, 스키장으로 유명한 테톤 카운티 도서관 방문자들의 관심사와 궁금증을 역동적이고 인터렉티브한 방식으로 시각화한 프로젝트다. 무엇보다 도시의 배경으로만 있는 공공예술 작품이 아닌 사람들과 커뮤니티의 생각을 반영해야 한다는 접근이 밑바탕에 있었다. 이 프로젝트를 통해 공동체가 무엇을 궁금해하는지 그대로 드러내고자 했다.

와이오밍주에 있는 백여 곳 이상의 공공도서관은 중앙 서버에서 'WYLDcat'이라는 프로그램을 통해 도서관의 모든 정보를 관리한다. 방문자의 검색어 데이터에도 실시간으로 접근할 수 있다. 이 데이터를 받아 검색어가 뜨면 도서관 로비에 적힌 101개의 카탈로그(미국의 도서 분류 체계) 중 해당 분야의 광섬유에 조명이 켜지는 식으로 디자인되었다. 와이오밍주 어디선가 사람들이 궁금한 주제를 검색하면 광섬유의 불은 끊임없이 깜빡거리게 된다. 이러한 움직임은 와이오밍주 전체의 실시간 검색 데이터를 통해 사람들의 생각을 시각화할 뿐만 아니라 일반적으로 볼 수 없는, 도서관만이 지닌 인간 두뇌의 활발한 활동을 보여주는 것이다.

　초기 안이 광섬유로만 이뤄진 뇌의 모습뿐이었다면, 실제 만들어졌을 때는 척수도 갖추게 되었다. 단층 건물이다 보니 제어장치를 숨길 공간이 없어 천장 위쪽으로 일부가 드러났는데 이를 적극적으로 노출시켜 수직 타워를 만들었다. 일루미네이터라고 불리는 이 장치는 와이파이로 받은 정보를 다양한 색으로 변형해 빛을 만들어낸다. 초기 생각과 마찬가지로 모든 설계와 대부분의 시공을 우리가 맡아 직접 진행했다. 누군가가 영화 '양들의 침묵'의 연쇄 살인마 한니발 렉터가 감옥에서 탈출하면서 죽이고 분해해 널어놓은 교도관의 시체 같다고 했는데, 우리는 훌륭한 칭찬으로 받아들였다.

　필라멘트 마인드는 말 그대로 세밀하게 짜인 도서관의 생각이 될 것이고, 나아가 커뮤니티의 생각이다. 방문자는 형태·색·조명으로 전송되어 디지털 카탈로그화한 질문이 변형되는 모습을 관찰할 수 있다. 이는 시각적으로 전례 없는 방식으로 표현된 생각의 덩어리다. 항상 생각했던, 인간의 사고를 물리적으로 그대로 구현하고자 하는 콘셉트에 가장 적합한 결과물이지 않을까 생각한다.

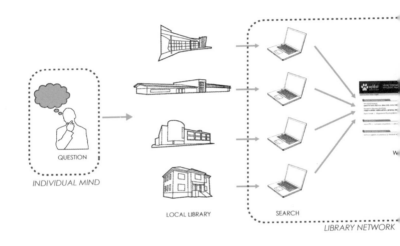

QUESTION

INDIVIDUAL MIND

LOCAL LIBRARY

SEARCH

LIBRARY NETWORK

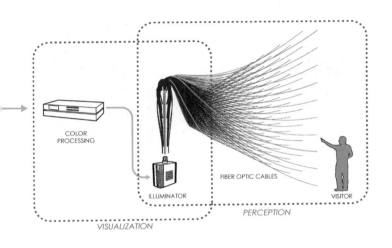

COLOR
PROCESSING

FIBER OPTIC CABLES

ILLUMINATOR

VISITOR

PERCEPTION

VISUALIZATION

○
사람의 사고가 물리적으로 구현되는 과정을 보여주는 콘셉트 다이어그램.
개개인의 궁금증이 공공도서관의 검색어로 나타나고 그 정보가 모여
어떻게 거대한 빛의 덩어리를 만들어내는지 설명한다.

○
도서관 로비 머리 위쪽으로 설치된 필라멘트 마인드.
발광하는 광섬유가 벽의 검색어 카탈로그에 연결되어 있다.

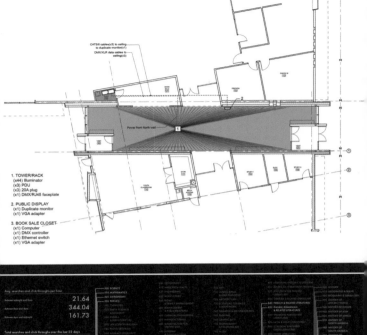

CAT5/6 cable(s)(x3) to ceiling
to duplicate monitor(x1)

DMX/XLR data cables to
ceiling(x3)

Power from North wall

1

2

1. TOWER/RACK
   (x44) Illuminator
   (x3) PDU
   (x3) 20A plug
   (x1) DMX/RJ45 faceplate

2. PUBLIC DISPLAY
   (x1) Duplicate monitor
   (x1) VGA adapter

3. BOOK SALE CLOSET
   (x1) Computer
   (x1) DMX controller
   (x1) Ethernet switch
   (x1) VGA adapter

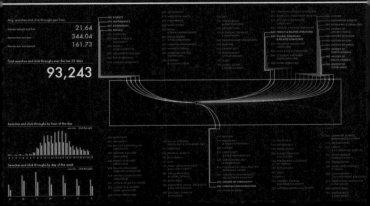

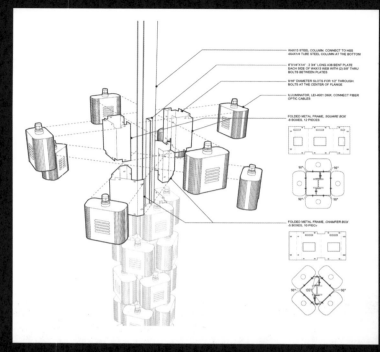

현장 여건에 따라 드러내기로 결정한 일루미네이터를 위한 타워 도면.

○
맞춤 제작으로 만든
일루미네이터 고정대와
직접 시공 중인 타워.

○
이전 프로젝트에서 수차례 직접 시공해본 후, 외부인에게 맡기지 않을 거라
면 쉽게 다룰 수 있는 재료를 사용해야 덜 번거롭다는 것을 깨달았다. 그래
서 한 명이 들 만한 무게와 칼로 쉽게 재단할 수 있는 광섬유를 주재료로 택
했다. 엑셀 파일로 길이를 정리한 뒤 바닥부터 길이대로 자르고 벽에 붙였다.

○
101개 갈래의 도서 분류 체계가 광섬유의 끝부분에 쓰여 있다.

○
중심부의 타워와 발광하는 광섬유들.

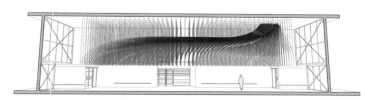

○
간단한 아이디어로 한 시간 만에 그린 1차 제출안. (개인적인 생각으론) 너무
못생겨서 파트너가 부정적인 반응을 보였지만, 448개의 안 가운데 2차에
올라간 다섯 안 중 하나가 되었다.

○

오프닝 때의 모습.

○

최종 발표 때 제출한 렌더링과 유사하게 완성한 후 찍은 외부 사진.

4

뿌리벤치

일상을 살아가는 사람들은 건축이나 예술에 아무런
관심이 없다. 그들에게 잠깐이라도 눈길을 받을 수
있다면 어느 정도 성공한 건축 프로젝트라고 믿는다.

프로젝트의 시작

그다지 인기가 많은 건축가가 아니기에 공모에 참여하지 않는 한, 문득 의뢰인이 찾아와 '예전부터 관심 있게 보고 있다가 이제야 찾아뵈었습니다', '예산의 한도는 없습니다', '저희 회사 초고층 오피스를 마음껏 디자인하세요' 따위의 일은 절대 일어나지 않는다. 그나마 들어오는 의뢰는 주로 조형물이나 전시물이다. 일 없는 건축가는 당연히 어떤 프로젝트라도 열심히 해야 살아남기에 거절하는 일은 거의 없다.

뿌리벤치는 별생각 없이 가볍게 시작한 작업이었지만, 전 세계적으로 꽤 알려진 프로젝트가 되었다. 한강에 다양한 공공예술품을 만들어 일반인들이 쉽게 경험하는 예술공원을 만들려고 하는 '한강예술공원'이라는 곳에서 설치물을 의뢰하고 싶다는 연락이 왔다. 일반인을 대상으로 '당신에게 쉼은 어떤 모습입니까?'라는 스케치 공모전을 열었고, 당선작 중 하나를 골라 발전시켜 달라는 것이었다. 수의계약 범위를 넘어서는 공공프로젝트이기에 약간의 경쟁률은 뚫어야 한다는 말을 덧붙였다. 바쁘지 않은 연말이어서 수락 의사를 전하고, 당선작 그림 중 가장 규모가 커 보이는 것을 골랐다. 어린이가 그린 것처럼 보이는 최우

수작 '나무뿌리벤치'였다. 중심에 큰 나무가 있고 사방으로 구불구불한 벤치가 뻗어 가는 모습이었다. 나중에 만나 본 당선자는 의외로 고등학생이었고, 유연·유기적 연결 같은 표현 자체가 이미 원하는 콘셉트를 명확히 설명하고 있었다.

자연을 닮은 구조

많은 경우, 내 디자인의 시작은 이미 머릿속 사례 중 하나를 사용한다. 이 프로젝트 역시 스케치를 보는 순간 반응-확산계가 떠올랐다. 저 유명한 앨런 튜링(영화 '이미테이션 게임'에서 베네딕트 컴버배치가 연기한 주인공이며 애플 초창기에 스티브 잡스에게 막대한 영향을 끼친 수학자)이 발견한 패턴이다. 분자들이 충돌할 때 화학적으로 반응하면서 구성 분자의 농도가 변한다는 것인데, 생물체에서 많이 보이는 두 가지 요소(색 또는 형태)가 혼합된 독특한 문양은 이 시스템을 통해 만들어진다. 난해한 콘셉트이지만, 얼룩말이나 산호 같은 생물에서 많이 보이는 꾸불꾸불한 패턴으로 이미 가공할 수 있는 알고리즘을 통해 작은 디자인에 여기저기 많이 적용된 해외 사례가 있었다. 내가 디자인에 활용하는, 생성형 디자인(Generative Design)이라고 부를 수 있는 여러 방식 중 하나로, 알고리즘 내 변숫값을 조정해 결과물을 한 번에 도출해낸다.

그래픽 알고리즘 툴인 그래스호퍼 파일로 가지고 있던 반응-확산계의 변수를 이리저리 조정해(수치를 바꿈에 따라 중심이나 밀도 등 시각적 결과물을 제어한다) 적당한 형태를 생성했다. 이때 가장 중요한 것은 여전히 디자이너의 감각이다. 아무리 완벽한 알고리즘을 짜 놓았다고 해도 괜찮은 결과물을 생성해내지 못한다면 그는 프로그래머다. 프로그래머가 디자이너보다 낮은 위치에 있다는 것이 아니라 두 분야가 추구하는 방향이 다르다는 것이다. 일반인을 상대하는 디자이너는 그가 내놓은 결과물 자체의 퀄리티로 평가받기 마련이다. 따라서 어디까지 생성형 디자인을 쓸 것인가, 어느 순간에 센스를 발휘할 것인가를 적절히 알아서 판단해야 한다.

디자인과 시공을 동시에 고려하는 설계

디자이너로서 기대한 이 프로젝트의 모습은 인공물과 자연물이 복잡하게 뒤섞여 그 경계가 흐려지는 것이었고, 전체적인 형상은 거대한 뿌리처럼 보이는 것이었다. 물론 컴퓨터 작업물은 시공 가능해야 했으며 의자 기능도 있어야 했다. 따라서 이 디자인의 목표는 아래의 네 가지로 정리할 수 있다.

   1) 인공과 자연 요소가 곡선으로 엮인 유기적 형태
   2) 나무뿌리처럼 가운데에서 방사형으로 뻗어 나가는 모습
   3) 시공할 수 있는 형상
   4) 가구의 기능

   1), 2)는 생성형 디자이너로서 위에 언급한 알고리즘을 사용했고 3), 4)번부터는 건축가로서 풀어내야 하는 실무 영역이다. 협의한 시공업체에서 가능하다 말한 형상은 아래와 같았다.

   3)-a. 40밀리미터 x 40밀리미터 각파이프가
          양쪽에서 나무 데크 아래를 지지해야 한다.
   3)-b. 각파이프는 3D로 휘어서 가공이 불가능하고
          직선과 호의 일부여야 한다.

   이를 위해 마우스를 계속 움직여 랜덤하게 생성된 곡선들을 모두 호와 직선으로 다시 그렸고, 나무 데크를 지지하되 눈에 띄지 않게 50밀리미터 정도 안쪽으로 넣어 하부에서 지지하도록

했다. 마지막으로 가구 기능을 위해 높이를 아이 의자(250밀리미터), 성인 의자(450밀리미터), 테이블(750밀리미터) 등 세 가지로 구분했다. 의자와 테이블이 있는 곳은 모두 평평했으며 테이블 사용이 편리하도록 간격을 조정했다.

여러 콘셉트를 이야기했지만, 이를 실현하는 것은 결국 사람의 노동이다. 몇 차례의 시행착오 끝에 공장에서 각파이프 구조를 위해 조각들을 자르고 가공하는 데 한 달이 걸렸고 구조가 현장에 설치된 이후 나머지 한 달 동안 데크만 설치해야 했다. 시공 계약을 하고 진행했음에도 설계자로서 한여름에 조금씩 다르게 생긴 데크를 다루는 시공자들의 불만은 피할 수 없었다. 물론 작업자들도 노하우가 생겨 시간이 지날수록 작업 속도가 빨라졌다.

시원하게 뻗은 야외 잔디밭을 배경으로 배치된 조형물은 서울 도심과 강한 대조를 만들어내며 방문자에게 신선한 시각적 자극을 준다. 그뿐만 아니라 중심부터 가지 치듯 뻗어 나간 뿌리들은 굽이치고 높낮이를 바꾸면서 시민들이 눕거나 앉을 수 있는 다양한 휴식 공간을 만들어낸다. 당선작의 가장 주요한 콘셉트인 중심점에서 시작된 형태와 그에 따른 공간의 연결성을 극대화한 유기적인 형태를 제시한다. 컴퓨터 알고리즘으로 디자인된 조형은 3차원 기하학적 모습으로 역동성을 보여준다. 중심에서 뻗어 나가는 완결된 원의 형태를 제시하는 동시에, 바닥과 합쳐지며 굴곡을 만드는 인공 조형물은 잔디 공원과의 경계를 모호하게 하여 자연환경에 자연스럽게 녹아든다. 방문자들은 뿌리 벤치를 통해 조형물로서의 시각적 예술성을 느끼는 동시에 자연스럽게 휴식을 취하는 소통 공간을 경험한다. 형태가 주는 경쾌함이 한강공원에 새로운 자극이 될 것이다. 거리에 따라 보여주는 다양한 모습은 방문자에게 즐거움을 제공하길.

당신에게 '쉼'은 어떤 모습입니까?

나만의 아이디어를 그림, 글, 콜라주 등 자유롭게 표현해 주세요.

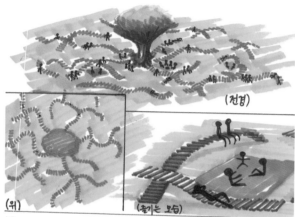

(전경)

(위)

(놀기는 모습)

나무의 뿌리에서 뻗어나온 깃같이 굴죽지고 유연한 형태의 벤치가 서로
뒤엉키고 맞닿아지며 그 안에 공간을 만든다. 우리는 벤치가 만들어준
그 유연한 공간 안에서 쉴 수도 있고, 유연한 형태의 벤치에서도
눕거나 앉거나 하는 등의 휴식을 취할 수도 있다. 우리가 있는 모든 공간은
결국 나무로부터 뻗어나온 것이 되어 형태와 공간의 연결성을
지녀서 우리에게 서로 유기적으로 연결되어 하나가 된 듯한 느낌을 준다.

○

뿌리벤치에 관한 아이디어는 일반인 대상 그림 공모전의
최우수 당선작 '나무뿌리벤치'에서 가지고 왔다.

4 뿌리벤치

○

컴퓨터 툴로 만들어진 매우 복잡하고 유기적인 형상이지만
직관적으로 이해할 수 있는 모습을 만들고자 했다.

○

30미터 크기의 형상이 도심과 강한 대조를 만든다.
한강공원 이촌지구에 있다.

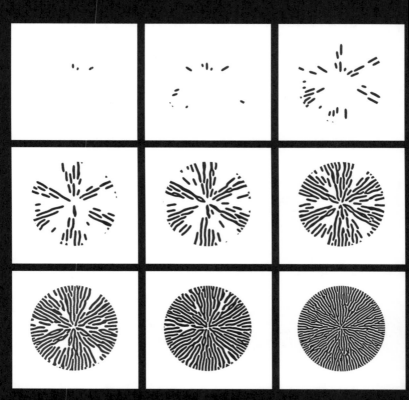

생성형 디자인(Generative Design)을 통해 끊임없이 생성되는 옵션들은
손으로 일일이 그려서는 만들어낼 수 없다. 그럼에도 무한대 옵션에서
최선을 택하는 기준은 디자이너의 감각이다.

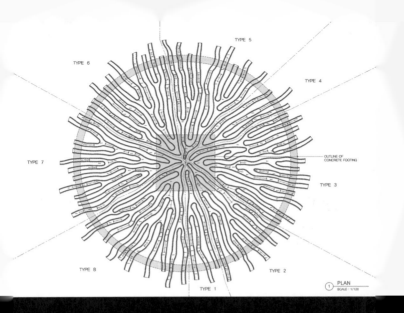

TYPE 5

TYPE 6

TYPE 4

OUTLINE OF
CONCRETE FOOTING

TYPE 7

TYPE 3

TYPE 8

TYPE 2

TYPE 1

1 PLAN
SCALE : 1/120

○
데크 아래쪽의 각파이프의 설치 도면. 모두 직선과 호로 이루어져 있다.
침수 시 떠오르는 것을 방지하기 위해 가지 뿌리의 중심과 바깥쪽에
콘크리트 기초(정사각형과 데두리 두녀 모양이 희색 부분)를 석치했다.

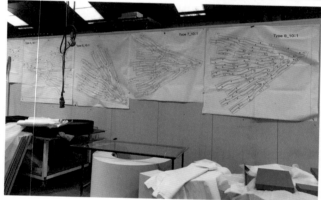

○

총 8개로 나뉜 구조는 길이대로 재단되고, 호의 반지름에
맞게 조형된 뒤 용접되어 하나로 합쳐졌다.

○
수천 조각을 합치기 위해 일대일 도면을 바닥에 깔고 접합했다.

○
데크 최상부와 잔디 높이가 맞아야 했기 때문에 구조체를 땅에 살짝 묻었다.
시공 과정 초반에는 폭을 재고 그린 뒤 데크를 잘랐지만, 후반부에는 구조체
에 고정하던 작업자들이 적당한 길이로 자른 데크를 쭉 붙이고 전동 톱으로
한 번에 잘랐다.

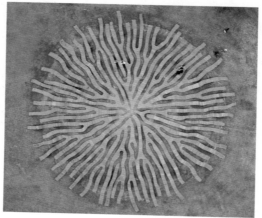

○

각파이프와 기초를 설치한 모습(위)과 데크 목재가 깔린 최종 모습(아래).

ⓒ
땅으로부터 띄운 모든 부분에 가로등과 연동한 LED 조명등을 설치했다.

해 질 녘의 도시와 한강, 뿌리벤치.

5

분해농장
+
애벌레 건축

친환경 디자인도 건축 영역에선 효율이 가장
중요한 가치가 된다. 에너지 효율이 가장 중요한
목적이 되는 지금 우리의 친환경 건축을
다른 방향에서 바라보고자 한다.

크로넨버그와 유기체

데이비드 크로넨버그는 캐나다의 영화감독이다. 21세기 들어 '이스턴 프라미스'나 '폭력의 역사'와 같은 고상한 갱스터 영화로 거장이 되었지만, 그의 진정한 가치를 알 수 있는 작품은 1980년 대에 쏟아낸 보디 호러 영화들이다. 인간의 신체가 변형되거나 파괴되고 기계와 결합하는, 불쾌하지만 어떤 의미로는 눈이 즐거운 이미지를 통해 사회를 비판하는 이들 영화의 핵심은 유기체와 무기물의 결합이다. 어울리지 않는 두 물질의 생경한 조합은 항상 내 머릿속에 새겨져 디자인의 바탕이 되었다.

현재 상황에서 과학이 계속 발전해 간다면 인간이 가장 의존해야 하는 분야는 생물학일 것이다. 21세기 인류가 맞닥뜨린 가장 큰 문제는 환경 이슈다. 다양한 분야에서 해결책을 찾고 있지만 환경 문제가 사람이라는 생물 주변을 이루는 수많은 비생물(혹은 반생물) 합성물 간의 대립이라고 생각한다면, 문제를 푸는 답은 다시 생물이다. 인류가 만들어낸 가장 견고한 합성 물질인 플라스틱은 내구성을 장점으로 내세우며 등장한 지 150년 만에 지구 환경을 완전히 바꿔버렸다. 인간이 등장하고 산업화가 진행되면서 지질 환경을 바꿔버렸다는 비판적인 의미로 '인류세

(Anthropocene, 따라서 현재는 신생대 제4기 인류세다)'라는 표현을 쓰는데 이 시기 단층에서는 분명 플라스틱이 나올 것이라는 환경주의자들의 주장이다.

환경과 애벌레 그리고 로봇

2020년 건설업계의 이산화탄소 배출량은 최고치에 이르렀고, 이는 에너지 관련 전체 배출량의 38퍼센트를 차지한다. 현재 우리나라엔 단열재인 스티로폼의 철거 이후 재활용에 대한 통계 자체가 없다. 제품명인 스티로폼으로 알려진 폴리스티렌의 분해 속도는 5백 년이다. 최근 연구자들은 밀웜이라는 갈색거저리 딱정벌레의 애벌레가 배 속 효소로 폴리스티렌을 소화해 작물의 비료로 쓰일 수 있을 만큼 무해한 배설물로 배출한다는 사실을 알아냈다.

'애벌레 건축'은 이 동물을 이용한 작은 건축물이다. 밀웜에게 특정 크기(가로 50밀리미터 × 세로 50밀리미터 × 두께 1밀리미터)의 스티로폼을 공급해 이들이 이것을 먹어서 분해된 형태를 그대로 작은 건물의 슬래브로 적용했다. 밀웜과 스티로폼 판을 하루 동안 넣어주고 카메라로 관찰하는 영상과 함께 그 결과물이 쌓여 만들어진 작은 구조체는 인간이 해결하지 못한 환경 문제를 풀 실마리를 제시한다. 인간이 만들어낸 이 합성 물질은 생태계에서 거의 분해되지 않지만, 이 동물의 배 속에서 분해되어 자연으로 돌아가게 된다. 비대면 시대의 온라인 전시를 요청받았을 때 실물로 보면 잘 보이지 않는 작은 주제를 다루고자 했고, 영상을 통해 1센티미터의 작은 애벌레가 환경을 위해 할 수 있는 능력을 과장해 보여주려 했다.

이후 이 아이디어는 '분해농장 : 계단'이라는 조금 큰 규모의 설치물로 확장되었다. 소화되는 건축이라는 콘셉트를 실현하기 위해 산업용 로봇에 1.5센티미터의 열선을 달아 거대한 스티로폼 덩어리를 가공하는 방식을 떠올렸다. 열선이라는 직선이 디자인을 제한 혹은 결정하는 요소가 되었고, 이를 위해 모든 면은 열선이 깎을 수 있는 선직면(Ruled Surface)으로 만들어졌다. 선직면은 특정 형상이 어느 지점에서 잘려도 항상 하나의 단면은 직선이라는 특성을 지닌다. 컴퓨터가 없던 19세기에 가우디가 그 유명하고 복잡한 건물들을 디자인할 때 쓰였던 방식으로 알려져 있다. 컴퓨터가 만든 수천 개의 선직면을 디자인하여 스티로폼 덩어리를 정교한 로봇 제어로 깎는 방식으로 진행되었다.

깎인 폴리스티렌에는 다시 수천 개의 구멍이 뚫려 밀웜이

사는 공간이 조성되고 여기에 이끼를 붙인다. 밀웜은 폴리스티렌을 먹고 배설물로 배출한다. 이 배설물은 이끼에 영양분을 공급하고 결과적으로 새로운 형태의 생태계를 구축한다. 밀웜은 수시로 공급되어야 하고 인공 구조체는 서서히 허물어지면서 자연에 녹아 들어간다. 선형 패턴의 폴리스티렌은 거대한 원형 계단 형태로 쌓이고 사람은 새로운 순환 공간에 참여한다. 이 과격한 실험은 탄소-제로 건축에서 더 나아가 존재하는 탄소를 줄이는 탄소-네거티브 생애주기를 구축할 것이다. 인류가 진보하기 위해서는 발전된 기술을 통해 앞으로 나아가는 것뿐만 아니라 문제가 더 악화하지 않게 현 상태를 붙잡아 두거나 아예 과거로 되돌리는 일이 필요하다. 환경에 관해서는 현 상황을 과거로 되돌리는 해결책으로 최신 기술을 활용한 생물학적 접근을 생각해 본다.

○
애벌레가 만든 작은 건물인 애벌레 건축(Worm Skyscraper).

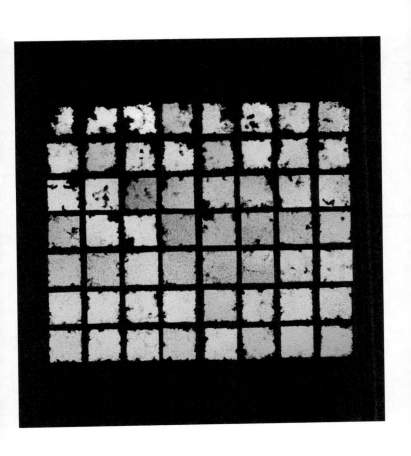

○
애벌레가 갉아 먹은 56개의 스티로폼 슬래브 디자인.

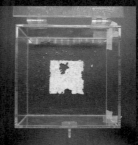

대조군 스티로폼 (저밀도 발포 폴리스티렌)

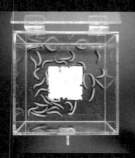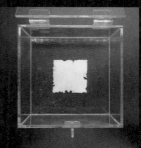

실험군1 우드락 (고밀도 발포 스티렌)

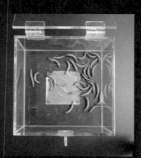

실험군2 비닐 (폴리에틸렌)

밀웜의 비닐, 스티로폼, 우드락 분해 실험.

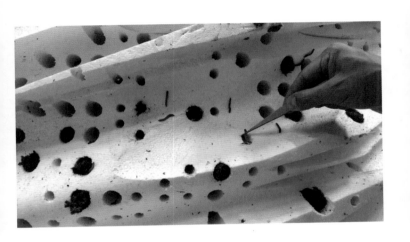

○
밀웜을 공급하는 모습.

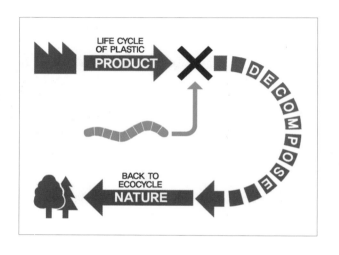

○
분해되지 않고 짧은 생애주기를 가진 플라스틱을
자연으로 돌려보내는 새로운 생애주기.

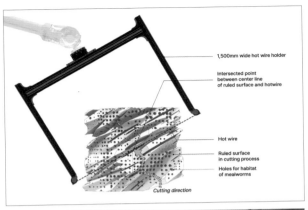

1,500mm wide hot wire holder

Intersected point
between center line
of ruled surface and hotwire

Hot wire

Ruled surface
in cutting process

Holes for habitat
of mealworms

Cutting direction

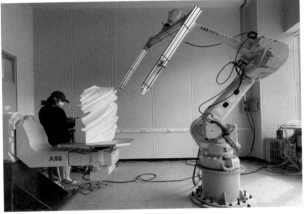

○
선직면을 가공하는 로봇팔의 다이어그램.

○
산업용 6축 로봇팔의 스티로폼 가공 모습.
끝에 1.5미터 폭의 'ㄷ'자 열선이 달려 있다.

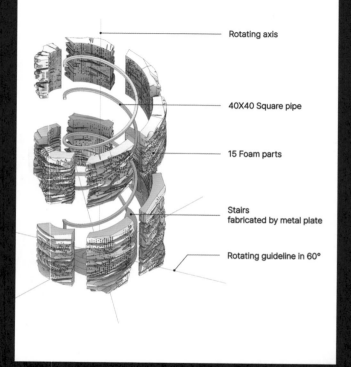

Rotating axis

40X40 Square pipe

15 Foam parts

Stairs
fabricated by metal plate

Rotating guideline in 60°

12개의 스티로폼 덩어리를 결합해 계단 형태를 구성한다.

○
내부 파이프 구조를 제외한 모든 시공은 건축학과 학생들이 직접 했다.

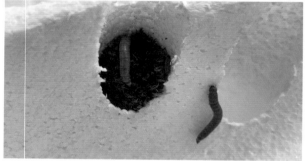

○

선직면이 만들어내는 선형 패턴과 구멍 패턴.

○

인공물과 자연물이 만들어내는 새로운 생태계.

○
나선형 계단을 통해 본 하늘.

○
자연 안에서 서서히 녹아드는
'분해농장'.

6

면목119안전센터

기존의 소방서, 나아가 공공건축이 지닌 이미지를
파격적인 하얀 소방서를 통해 바꿔보고자 했다.

현상설계

근대화 과정에서 너무나 많은 부정부패를 경험해서인지, 우리나라의 관공서 발주 사업은 반드시 공개 입찰 과정을 거친다. 투명한 심사를 통해 자격이 있는 업체에 사업권을 준다는 취지다. 건축설계 역시 많은 예산이 들어가니 공공건물 건축에도 입찰 행위가 선행된다. 설계권을 주는 디자인 입찰이라고 할 수 있는 입찰 단계에서 심사 기준은 설계의 질이고, 이 과정을 '현상설계' 또는 짧게 그냥 '현상'이라고 부른다. 흔히 '현상판'으로 불리는 이 세계는 글로벌 건축의 흐름과는 무관하게 우리만의 기준으로 세워진 K리그, KBO이면서 동시에 진정한 프로들의 세계다.

건축주가 알아서 찾아오는 건축가라면 자신의 이름을 걸고 프로젝트를 실행해 직원 월급을 주고 월세도 낸다. 일을 찾아 나서야만 하는 다른 많은 건축가는 공공건축물의 현상설계에 참여한다. 일거리가 많을 뿐만 아니라 규모와 예산이 크기 때문에 많은 건축가가 이 세계에 뛰어든다. 알 수는 없지만, 문제에 맞는 답안지를 제출하는 방식으로 설계안을 만들어야 하며, 한국 건축계의 특성상 형태가 너무 과해도 안 되고 비싸 보여도 안 된다. 당선된다고 해도 건물을 최종 사용할 건축주가 아니라, 수많은 부서에 속한 각기 다른 생각을 지닌 담당자들과의 협력과 반목을 거쳐야만 결과물이 만들어진다. 드물게 정말 괜찮은 대형 프로젝트가 공공건축물인 경우가 있지만, 대부분은 예산과 일정에 맞춰 기능이 강조된, 흐름에 거슬리지 않는 방향으로 일이 진행된다.

공공건축의 상징성

기존의 '면목119안전센터'는 좁고 낙후된 소방시설로 지역의 급증하는 소방 수요에 효율적으로 대응하기 미흡한 구조물이었다. 새로운 안전센터는 직원들의 근무 환경을 개선함과 동시에 독창적인 소방 상징성을 건축적으로 제시하여 지역 주민들에게 안전 인식을 지니게 한다. 신속한 출동을 위한 짧은 이동 동선, 대지 모양을 고려한 프로그램 배치, 열린 공간으로서의 차고와 사무실, 주민 마당 등은 소방업무의 효율성과 함께 건축물의 공공성 증진을 도모한다. 무엇보다 기능성 외피를 적용한 입면이 드러내는 독특한 이미지는 공공건축물로서의 119안전센터의 새로운 정체성을 제시한다.

　대지는 전형적인 주거지역에 있어 아파트 단지를 마주 본다. 정면으로는 6차선 도로, 뒤로는 중랑천과 동부간선도로를 옹벽으로 마주하고 있다. 도로에 접하는 정면에 3열 주차 차고와 사무실을 배치해 소방업무의 효율성을 높이고, 크고 많은 창을 통해 개방적이면서도 적극적으로 다가가는 열린 소방서의 이미지를 만들고자 하였다. 위층에는 공용공간과 계단을 중심으로 대기실과 휴게 프로그램을 배치했고, 침실을 도로 반대쪽에 주로 위치시켜 조용한 공간을 만들고자 했다.

항상 빠르게 출동하는 소방차의 속도감을 입면의 사선 루버로 표현하였다. 무엇보다 차고 위치를 중심으로 두 가지 다른 깊이의 루버로 그러데이션 패턴을 만들어 콘셉트를 극대화했다. 이러한 외피는 디자인적 요소뿐만 아니라 기능적으로 직사광선을 막아주면서도 적절한 채광과 개방감을 제공한다. 또한 내부 프로그램에 따라 잘린 루버를 통한 창과 루버에 가려진 창을 배치하여 입면에 깊이감과 다양함을 주었다. 공공건축물 중에 가장 눈에 띄는 상징성이 필요한 소방서가 기존에는 주로 색과 간판을 통해 이를 제시했다면, 면목 119안전센터에선 건축물이 지닌 이미지 자체가 이 기능을 담당할 것이다.

많은 사람이 도시에서 살고 그 도시를 이루는 것은 결국 건물이다. 공공건축이 아니어도 건축은 일부 공공의 성격을 띠고 있을 수밖에 없다. 우리가 다니면서 항상 보는 건물의 디자인이 그래서 중요하다. 인지조차 못할 정도로 관심이 없는 것도 문제이지만, 관심을 불러일으킬 만한 건물이 없는 것 역시 문제다. 관공서라 하면 기능 위주의 딱딱하고 밋밋한 건물을 떠올리는 상황에서 이 건물은 새로운 방향의 공공건축을 제시할 것이다.

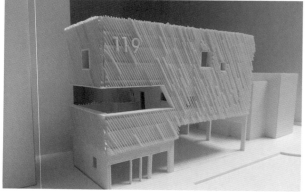

ⓒ
주변 맥락 안에서 도드라지는 하얀 소방서.

◯
현상 공모 당시 투시도 대신 제출한 간단한 모형.
매스가 약간 달라졌으나 입면 디자인은 그대로다.

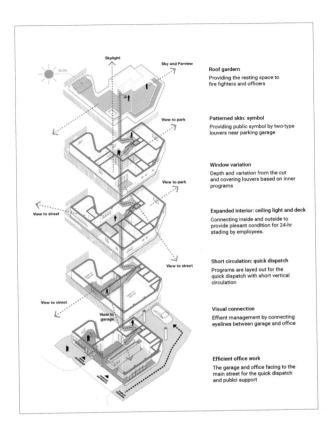

Roof gardern

Providing the resting space to fire fighters and officers

Patterned skin: symbol

Providing public symbol by two-type louvers near parking garage

Window variation

Depth and variation from the cut and covering louvers based on inner programs

Expanded interior: ceiling light and deck

Connecting inside and outside to provide plesant condition for 24-hr stading by employees.

Short circulation: quick dispatch

Programs are layed out for the quick dispatch with short vertical circulation

Visual connection

Effient management by connecting eyelines between garage and office

Efficient office work

The garage and office facing to the main street for the quick dispatch and publci support

○
안전센터의 특성에 맞게 최대한 간결한 동선을
보여주는 내부 프로그램 다이어그램.

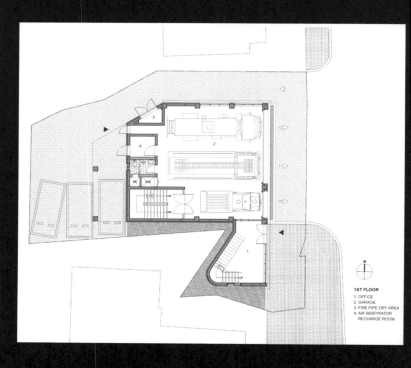

전면 도로에 차량 3대와 사무실을 접하는 것이 지침의 요구사항이었고
복잡한 대지 형상 때문에 그것을 풀어내는 과정이 어려웠다.

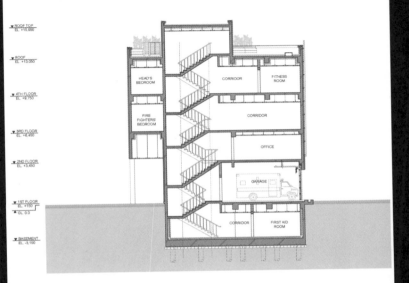

ROOF TOP
EL. +15,950

ROOF
EL. +13,050

4TH FLOOR
EL. +9,750

3RD FLOOR
EL. +6,450

2ND FLOOR
EL. +3,450

1ST FLOOR
EL. +150
GL. 0.0

BASEMENT
EL. -3,150

HEAD'S
BEDROOM

CORRIDOR

FITNESS
ROOM

FIRE
FIGHTERS'
BEDROOM

CORRIDOR

OFFICE

GARAGE

CORRIDOR

FIRST AID
ROOM

○
사무실을 중층으로 만들어달라는 요구 사항을
충족시키는 동시에 주차장과 엮이도록 배치했다.

ⓒ

가장 특징적 요소인 속도감을 만드는 사선 루버는 알고리즘으로 배열되었다. 재단을 위한 길이와 위치 표시를 위해서 별도 도면도 그렸다.

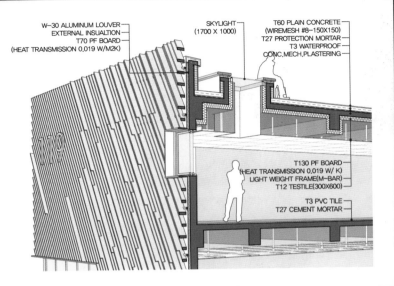

내부 공간과 입면을 보여주는 단면 상세도.

ⓒ
두 면이 만나는 모서리 부분.

ⓒ
부분부분 찢고 나온
창들이 변화를 만든다.

ⓒ
색을 뺀 119 글씨와
백라이트 조명.

DESIGN PROCESS

프로그램 배치와 그에 따른 입면 변화를 만드는 데에 사용했던 최적화(optimization) 방식.
무한대 옵션 중에 알고리즘이 적합한 답을 찾아낸다. 아직 초보적인 수준이지만 가능성을 볼 수 있다.

ⓒ
차고의 모습.

ⓒ
근처 아파트에서 바라본 안전센터의 모습.

7

Dynamic Performance of Nature

지속가능함을 조금은 직관적으로 표현하고자 했다.
자연이 만들어내는 데이터의 존재를 깨닫는 것이
그 시작일 수 있다.

서브 프라임 모기지

2008년 가을 리먼 브러더스의 파산을 시작으로 그 유명한 서브 프라임 모기지 사태가 터졌다. 뉴욕발 경제 위기는 전 세계의 경기 침체로 이어졌고 건설업계부터 구조조정이 빠르게 이루어졌다. 뉴욕에서 가장 큰 설계사무소인 SOM은 직원의 절반 이상을 해고했다. 다음 해인 2009년, 뉴욕에 있는 건축대학원의 졸업식 당시 80여 명의 졸업생 중 취업이 확정된 사람은 한 명이었는데, 나는 아니었다. 나는 딱히 회사원이 되고 싶지 않았기에 잘 됐다는 마음으로 동기인 미국인 친구 브라이언 브러시와 집 근처 스타벅스에서 공모전을 준비했다. 대학원 6학기를 보내는 동안 두 번의 설계 프로젝트와 그 외 몇 차례의 팀 프로젝트를 같이 진행한 친구와 'E/B Office(이 씨와 B 씨의 사무실이란 뜻)'라는 회사 이름만 정하고 우리의 흥미를 표현할 수 있는 설치물 공모전에 지원했다. 당시 많은 젊은 건축가가 그랬듯 자기 딴에는 아무도 만들 수 없는 형태를 현실에서 구현하는 일이 우리의 유일한 관심사였고, 그런 방식의 제안들은 10번의 낙선 후 반년 만에 처음으로 결실을 맺었다.

자연을 인지하는 방식

유타주 솔트레이크시티에 있는 과학박물관인 '레오나르도 뮤지엄'이 리모델링 후 재개방하면서 로비에 설치할 영구 미디어월의 디자인을 공모했다. 인터렉티브 프로젝트여야 한다는 것이 주어진 조건이었다. 그때 프로젝트를 도와주던 팀원이 실시간 데이터를 다룰 줄 알았기에, 우린 온라인의 실시간 특정 정보를 소재로 그에 반응하는 조형물을 고안했다. 꽤 오랜 시간 수많은 모터로 움직이는 것을 생각했다. 그러나 영구적으로 수백 개의 모터를 유지·관리하는 게 불가능하다는 것을 깨닫는 데는 오랜 시간이 걸리지 않았다. 결국 우리는 LED 빛을 주된 인터렉티브 요소로 적용했다. 구현해 보고 싶은 모든 아이디어가 과할 정도로 다 녹아든 이 미디어월에는 그에 걸맞은 'Dynamic Performance of Nature'라는 거창한 이름을 붙였다.

방문자는 설치 벽 자체에 포함된 인터렉티브 인터페이스를 통해 전 세계의 환경 정보와 소통함으로써 자연을 인식한다. 전통적인 방식의 친환경 기술을 넘어서는 21세기의 지속가능함을 위해 환경 요소와 관련 정보를 아우르는 정교한 형태로 디자인되었다. Dynamic Performance of Nature는 빛·재료·공간과 전 지구의 환경 정보를 연결해 방문자에게 질문을 던지고 동시에 사색을 불러일으킨다. 방문자는 자신의 언어로 소통하고, 정보와 함께 살아 숨 쉬는 건축을 느끼게 된다.

움직이지 않는 건축 재료에 매 순간 변화하는 정보를 주입한 Dynamic Performance of Nature는 영상의 흐름을 만들어낸다. 환경 센서는 데이터를 수집하고, 이는 재생 플라스틱으로 만든 사인 곡선 형태로 박힌 태양광 LED에 전달된다. 센서가 온도·바람·지진 활동 등의 변화를 인지하면서 LED는 실시간으로 스펙트럼 파도를 보여준다. 가로 28미터, 높이 4.3미터로 120제곱미터 면적에 달하는 수직 면은 박물관의 로비를 가로지르며 전시 공간을 구분한다. 이 설치 벽은 1,888개의 RGB 컬러 LED를 포함한 176개의 각기 다른 모양을 가진 재생 플라스틱(HDPE, High Density PolyEthylene)으로 구성됐으며, 8천 개의 나사가 이를 고정했다. 플라스틱은 총 3톤가량이었다.

벽에 비친 컬러 스펙트럼은 온도를, 흐름의 속도는 바람의 속도, 흐름의 방향은 바람 방향을 나타낸다. 그리고 미국지질조사협회가 지진을 인지하면 설치 벽은 즉각 세계 지도로 바뀌어 지진이 일어난 위치를 표시한다. 방문자는 트위터 주소 '@leoartwall'에 원하는 지역과 색을 보내 이 설치 벽과 소통할 수 있다. 단순히 날씨와 색 표현을 넘어 Dynamic Performance of Nature가 재료와 건축을 통한 정보 시각화의 실험체 역할을 하는 동시에 시간의 흐름과 함께 자라고 변화하기를 바란다.

시공 과정의 컨트롤

모든 시공은 당시 브라이언이 가르치던 컬럼비아대학교 학생들이 했다. 뉴욕에서 학생들을 데려와 한 달 동안 동고동락하면서 만들었다. 우리가 그린 디자인을 시공자에게 설명하기가 불가능해 우리만의 도면을 들고 직접 설계하는 게 낫겠다는 판단이었다. 동시에, 책정된 1억 5천만 원 정도의 예산은 모두 재료비로 사용한 상태라 외주 인건비를 감당할 여건도 아니었다. 온갖 내용을 다 집어넣으려다 보니 논리적으로 어색한 부분도 꽤 있었다. 아울러 설계부터 시공까지 전 과정을 물리적으로 통제하려는 시도는 다시 하라면 못할 것 같지만, 그래도 나름 성공적이었다고 본다. 실시간 데이터가 어떤 사고 과정을 거쳐 구체적 형태로 구현되는가를 처음으로 보여준 프로젝트였다. 정보라는 보이지 않는 수치를 건축적 재료로 사용하겠다는 거창한 의도도 있었고, 현재까지도 나의 작업에 그 방식이 이어지고 있다.

2014년 국립현대미술관 서울관의 개관 전시에 초청을 받아 작업하고 박근혜 전 대통령과 사진도 찍은 필립 비즐리라는 유명한 미디어 건축가가 있다. 그는 당시 수십 대 1의 치열한 공모를 뚫고 프로젝트를 완성한 우리와 달리 점잖게 초청 작가로 초대받아, 수십 개의 모터가 들어간 훨씬 거대한 작품을 설치해 Dynamic Performance of Nature를 배경으로 만들어버렸다. 오프닝 때 같이 술을 마시며 이런 말을 했다.

"제가 쓴 모터가 며칠이나 버티겠어요."

필립은 우리에게 인터렉티브 작업임에도 모터를 사용하지 않은 점이 인상 깊었다고 말했다.

○
로비를 28미터로 가로지르는 이 프로젝트는
미디어월인 동시에 공간을 구획한다.

123

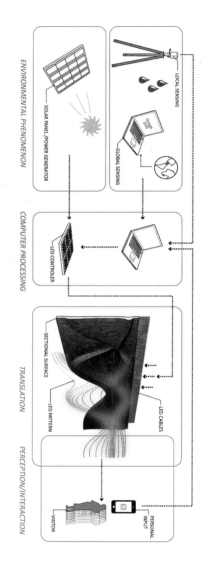

ENVIRONMENTAL PHENOMENON

LOCAL SENSING

GLOBAL SENSING

SOLAR PANEL /POWER GENERATOR

COMPUTER PROCESSING

LED CONTROLER

TRANSLATION

SECTIONAL SURFACE

LED PATTERN

LED CABLES

PERCEPTION/INTERACTION

VISITOR

PERSONAL INPUT

날씨 데이터를 실시간으로 가져와 LED로 구현하고, 방문자는 이를 통해 환경의 역동성을 인식한다.

Color code processing from real-time data

○
사용자와 적극적인 소통을 위해 트위터로 지역이나 색을 직접 입력할 수 있다.

○
실시간 데이터는 '프로세싱'이라는 소프트웨어로 처리 과정을
거쳐 색의 스펙트럼으로 표현된다.

125

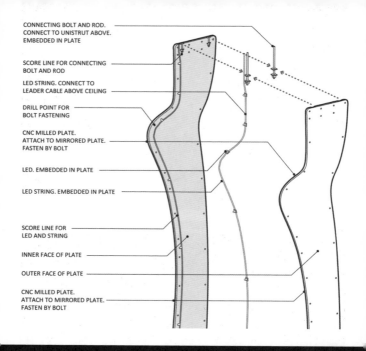

CONNECTING BOLT AND ROD.
CONNECT TO UNISTRUT ABOVE.
EMBEDDED IN PLATE

SCORE LINE FOR CONNECTING
BOLT AND ROD

LED STRING. CONNECT TO
LEADER CABLE ABOVE CEILING

DRILL POINT FOR
BOLT FASTENING

CNC MILLED PLATE.
ATTACH TO MIRRORED PLATE.
FASTEN BY BOLT

LED. EMBEDDED IN PLATE

LED STRING. EMBEDDED IN PLATE

SCORE LINE FOR
LED AND STRING

INNER FACE OF PLATE

OUTER FACE OF PLATE

CNC MILLED PLATE.
ATTACH TO MIRRORED PLATE.
FASTEN BY BOLT

○

보이지 않고 만질 수 없는 정보를 건축 재료로 사용하겠다는 생각은, 플라스틱
파으로 LED 케이블 양쪽에 새드위치처럼 고정하는 방시ㅇ로 변화되었다.

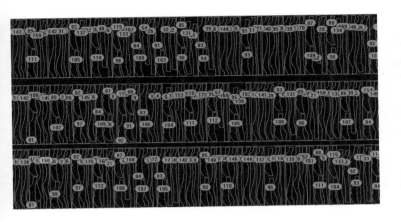

○
디지털 패브리케이션에서 흔히 그리는 툴패스.
176개의 단면을 쪼개서 만든다. 총 352개의 형태가 필요했다.

○
LED 케이블 역시 형태(라이노에서 아이소커브의 모양으로 특정 면이 만들어지
는 방식을 보여준다)를 따라가야 하므로, LED 사이의 간격이 모두 다르다.
중국에서 주문 제작했다.

127

○
흔히 사용하는 CNC(Computer Numerical Control, 컴퓨터로
제어하는 밀링머신)와 달리 드릴의 교체가 자동화되어 있다.
4미터까지 한 번에 재단이 가능한 업체에서 작업했다.

○
샌드위치 형태로 양쪽에서 가공하지만 나사는 한 방향을 향하기 때문에
양면을 맞춘 상태로 일일이 나사 구멍을 파야 한다.

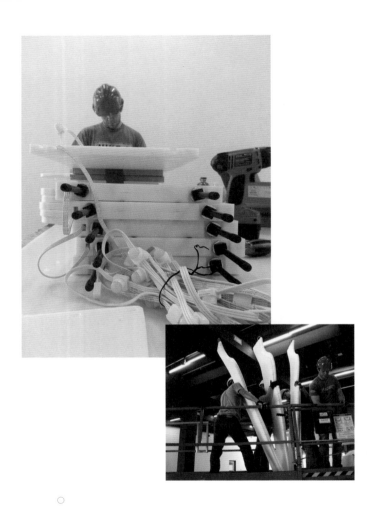

◯
5~6개의 단면과 케이블이 하나의 세트로 묶여 만들어지고,
그 묶음이 한 번에 천장 구조에 걸린다.

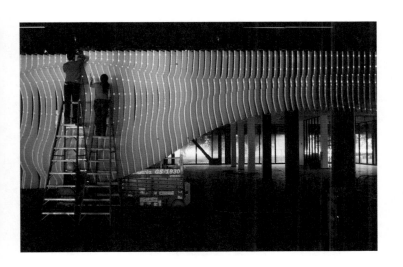

○
천장 구조에 단면 플라스틱을 걸고 멀리서 눈으로 보며
위치를 하나하나 수정했다.

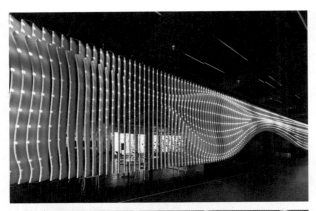

○

최종 완성된 모습. 플라스틱판의 형태와 LED 배치가 일치한다.
곡선으로 들린 부분이 입구다.

○

빛을 플라스틱 안에 가뒀다. 목업 모형을 몇 차례 만들어 본 뒤
바깥 선에서 LED까지의 위치를 정했다.

○
완성 후 오프닝 파티. 위쪽에 살짝 보이는 높이가 20미터 정도나 되는
필립 비즐리의 설치물은 우리의 프로젝트를 배경으로 만들었다.

8

SEAT

컴퓨터를 이용한 작업이지만 난해한 설명 없이
직관적으로 이해되는 프로젝트가 되길 원했다.
그렇게 의자로 만든 집이 탄생했다.

사변(思辨)

'사변적'이라는 말은 경험이나 실험 없이 머릿속 사고 과정으로 논리를 만들고 증명한다는 철학 용어다. SF를 과학 소설(Science Fiction)뿐만 아니라 사변 소설(Speculative Fiction)이라고 부르는 이유이기도 하다. 많은 SF는 현재의 사회나 기술이 '만약에 이렇게 되면 어떨까'라고 설정을 비틀며 시작한다. 마찬가지로 이미 아는 디자인을 새롭게 변형하거나 그 기능을 바꾸는 식으로 익숙한 모습에 어색함을 부여해 '잘 다듬어진 괴상함'을 만들어낼 수 있다. 고상하게 말하면 생경하다는 표현을 쓸 수 있을 것 같은데, 요즘 먹히는 디자인과는 좀 상극이다. 기능만 남긴 극단적인 미니멀 제품이나 공간감을 중요시하는 묵직한 건물, 합판에 시트지를 감싼 팝업 스토어, 일상을 다루는 간지러운 에세이 등 유행하는 창작물들과는 정반대에 있다고 할 수 있다. 과장해서 얘기하면 다양성이 극대화된 사회에 나타나는, 소수의 취향이 강하게 드러나는 일종의 잉여물이다. 물론 개인적으로 그것을 선호한다.

만약에 의자로 집을 만들 수 있을까

대단한 야심을 가지고 제목도 난해했던 Dynamic Performance of Nature를 완성했지만, 일반인들에게는 내용 설명조차 쉽지 않았다. 내용을 궁금해하며 질문을 던지는 사람도 많지 않았기에 이 프로젝트 이후의 공모에선 의도적으로 쉬운 콘셉트를 보여주려 했다.

　　미국 애틀랜타주에 설치된 'SEAT'라는 이름의 구조물은 프리덤파크에 여름 세 달간 설치된 임시 파빌리온으로, 처음부터 작정하고 단순한 아이디어로 접근했다. '만약에 의자로 집을 만들면 어떨까'라는 생각에서 시작했다. 이전 프로젝트와 마찬가지로 브라이언과 함께했으며, 맨해튼 83번가에 있는 스타벅스에서 작업 대부분이 이루어졌다. 상금 포함 주어진 설계비·시공비가 백만 원 정도밖에 되지 않았고, 구하기 쉬운 의자 중 가장 싼 이케아 나무 의자를 단위 유닛으로 구상해 전체적인 형태를 만들었다. 그럼에도 예산을 초과하여 이를 메꾸기 위해 크라우드 펀딩도 진행해 완성한 프로젝트다. 4백 개의 의자를 주문해 놓고 최종적으로는 3백 개만 썼다. 초기 안과 전체적으로 비슷하지만, 살짝 작은 규모로 최종 설치를 끝내고 나머지 백 개를 환불해 부족한 예산을 메꿨다.

건축적 경험에서 '앉는다'의 중요성에도 불구하고 의자는 건축에서 그다지 주목받지 못한다. 의자는 방대한 건축 영역에서 그저 산업 디자인 혹은 가구로서의 위상만 지닐 뿐이다. SEAT의 제안은 벽·바닥·지붕 등으로 경계가 나뉜 구조물이 아니라 관찰과 사색의 대상으로 의자를 바라보고 이를 건축적 폴리로 만듦에 있다. 안팎을 뒤집어 기본적인 건축 이벤트로서 즐길 수 있는 구조체를 만들었다.

SEAT은 솟아오르는 소용돌이에 싸인 곡선의 모습으로 약 3백 개의 나무 의자를 배열하여 공간을 구성했다. 초기 정사각형 그리드에서 시작한 배열은 예산상의 문제로 이케아의 Ivar라는 나무 의자를 쓰면서 직사각형 그리드로 바뀌었다. 따라서 기본 형태 곡면 방향에 따라 알고리즘으로 의자의 회전 규칙을 만든 것은 어느 순간 실현 불가능해졌다. 3D 프로그램을 거치면서 꽤 많은 설계가 의자를 손으로 옮기는 방식을 택하게 되었고, 모든 방향으로 단면을 잘라 의자 간 관계를 설명하는 도면이 완성됐다. 구조물은 그룹별로 서로 다른 각도로 회전하고, 소용돌이 밑부분에서 서로 만나 앉는 기능을 초월한 의자의 흐름을 방문자가 읽게 도와준다. 당연하다고 여기는 의자의 기능과 무관하게 전혀 다른 방식으로 공간을 차지하고 있는 의자를 인지하게 된다. 땅으로부터 떨어져 다양한 방식으로 매달린 의자는 구조ㆍ장식ㆍ외피로 기능하면서 본래의 역할 너머에 존재한다.

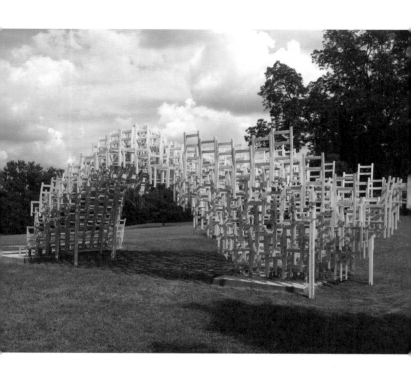

○
3백 개의 나무 의자가 만들어내는 공간.

○
공모전에 제출한 이미지.

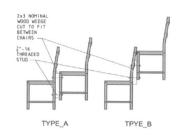

2x3 NOMINAL
WOOD WEDGE
CUT TO FIT
BETWEEN
CHAIRS

3/4"-16
THREADED
STUD

TYPE_A   TPYE_B

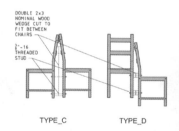

DOUBLE 2x3
NOMINAL WOOD
WEDGE CUT TO
FIT BETWEEN
CHAIRS

3/4"-16
THREADED
STUD

TYPE_C   TYPE_D

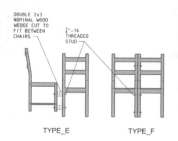

DOUBLE 2x3
NOMINAL WOOD
WEDGE CUT TO
FIT BETWEEN
CHAIRS

3/4"-16
THREADED
STUD

TYPE_E   TYPE_F

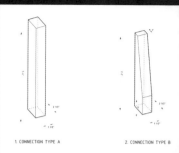

1. CONNECTION TYPE A   2. CONNECTION TYPE B

○
(좌) 의자 등받이 경사를 메꾸기 위한 타입 스터디. 당시 이케아에서 가장 싼 나무 의자인 IVAR를 썼다. 한국 이케아에서는 3만 4,900원에 판매 중이다.

○
(우) 경사를 메꾸기 위한 부재 디자인. 한 인턴 학생은 시공 기간 내내 이것만 잘랐다.

1.Base geometry

5.Create normal vectors at each point

2.Grid points on base geometry

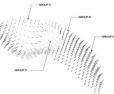

6.Group vectors in 4 group based on
the direction of XY plane.

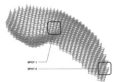

3.Array chairs at the grid point on surface

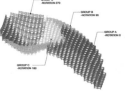

7.Rotate chairs by the group

4. Because of cyrvature direction and
geometry of chair, some are not connected
to each others

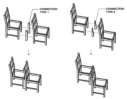

8.Create two types of connection to follow
the shape of chair back

의자의 구조와 형태를 구조 시스템의 컴포넌트로 적용해 패턴화하였다.

의자마다 각각의 이름이 있으며 지면부터의 높이가 표시되어 있다. 점은 회색 의자들은 기본 의자 구조가 된다. 점선으로 표시한 큰 그리드 기초와 연결되어 있다. 의자가 각각 0·90·180·270도로 회전하지만, 가로·세로가 다른 직사각형이어서 3D 안에서 오랜 시간 의자들의 위치를 옮겨보았다.

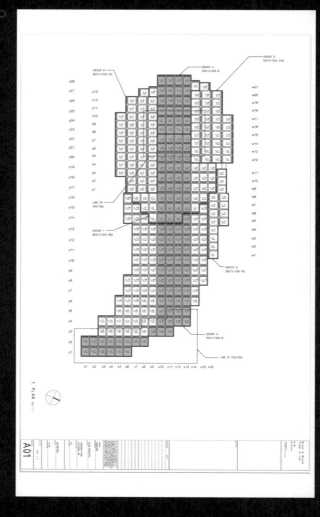

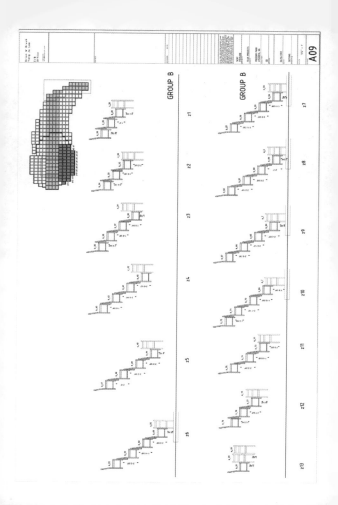

GROUP B

z1　　z2　　z3　　z4　　z5　　z6

GROUP B

z7　　z8　　z9　　z10　　z11　　z12

z13

Brian W Brush
Tony Ju Lee

S.R. PROJECTS
FREEDOM PARK

SECTIONS

A09

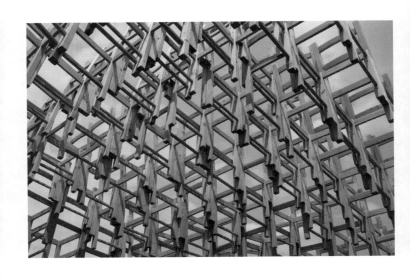

○
앉는 판을 제거해 의자가 만들어낸 반복 구조의 효과를 극대화하였다.

○
안타깝게도 사람들이 그다지 많이 찾는 공원은 아니었다.

9

공포가변

컴퓨터 알고리즘에 적합한 디자인 방향은 복잡해
보이지만 그 안에 체계를 갖추고 있다. 게다가
연구자료가 충분하고 아직 많이 적용되지 않은
전통 건축의 공포는 꽤 신선한 소재다.

무에타이와 연구 주제

한때 동남아 액션 영화가 유행했던 적이 있다. 아니면 나한테만 그랬는지도 모르겠다. 태국 감독이 만든 태국 영화 '옹박(2003)'과 이후 나온 웨일스 출신 감독이 만든 인도네시아 영화 '레이드(2011)' 같은 것들이다. 특히 우리 어감으로 제목도 경박했던 '옹박'은 태국의 전통 무술인 무에타이만 보여주는 촌스러운 영화였다. 얼핏 동남아 시골 무도가들이 마구잡이로 만들어 우연히 세계적으로 성공한 듯 보이지만, 광고와 뮤직비디오로 명성을 쌓은 감독이 배우들과 세계 무대에서 먹히는 영화를 만들겠다는 명확한 의도로 4년 동안 만들어낸 기획 상품에 가깝다. 명확한 목표하에 업계 전문가들이 고른 영화 소재는 그 지역에서 천 년간 내려온 전통 무술이었다. 세계 혹은 조금 범위를 좁혀(결국 많은 문화 상품의 타깃인) 서구에서 그다지 관심 없는 아시아의 오랜 전통문화를 소재로, 세계적으로 먹히는 상품을 만들어냈다는 사실은 우리에게도 시사점이 있다.

　　교수라는 입장에서 건축설계를 대할 때 실무자의 접근법과는 달라야 한다는 생각을 어렴풋이 가지고 있다. 연구자 입장에서 건축을 바라봐야 한다면 건축설계의 연구 영역을 어디까지로 봐야 할까? 대학원 지도교수가 되어 처음으로 한 일은 건축 논문을 들여다보는 것이었다. 건축 논문의 많은 내용은 기존 사례의 분류와 그에 따른 분석이다. 당연히 끊임없이 만들어지는 건축물을 정교하게 분류하여 정리하는 것은 의미가 있지만, 연구자로서 혹은 창작자로서, 다른 건물이나 도면을 쳐다보기만 하는 것은 그렇게 즐겁지 않고 다소 소극적으로까지 느껴진다. 특히 서구 중심의 건축 이론과 디자인이 주류인 상황에서 한국 문화 고유의 주제로 새로운 창작을 할 수 있다면, 애초부터 세계를 타깃으로 할 수 있으니 연구 주제로도 꽤 괜찮은 듯하다. '공포가변'이라는 프로젝트는 많은 상황이 맞물리면서 결국 논문으로도 쓰이게 되었다. 현재 국제적으로 가장 잘 알려진 컴퓨테이션 설계 학회인 아카디아(ACADIA: The Association for Computer Aided Design in Architecture)가 주관하고 펜실베이니아대학교에서 주최한 2022년 학회인 'Hybrids & Haecceities'에서 'Versatile Bracketry'라는 제목으로 소개된 프로젝트다. 전통 건축을 다루는 다른 프로젝트와 유사하지만, 오직 공포만을 가지고 알고리즘이라는 특성을 강조해 이야기를 풀어냈다.

부석사 주심포의 알고리즘화

공포는 전통 건축에서 지붕 아래 처마를 구성하는 구조체이면서 동시에 건축물을 특징짓는 일종의 장식재. 장인들이 만들어낸 복잡한 목구조를 통해 그 형태가 가장 잘 드러나며, 색감도 화려해 미학적으로도 큰 가치가 있다. 이렇게 보니 역시 이야기를 풀어나가기 위해서는 전통 건축의 사례를 분석하는 게 단단한 배경을 만들어내는 데에 꽤 도움이 된다. 동시에 서구를 타깃으로 하는 글이라면(애초에 잘 모르는 내용일 테니) 전략적으로도 쉬운 선택일 것이다.

어쨌든 전통 목구조의 수많은 공포 중 가장 유명하고 많은 건축가와 디자이너가 영감을 얻은 주석사의 주심포 양식을 알고리즘화하였다. 현대인의 취향에 맞게 컴퓨터 프로그램으로도 쉽게 변형을 할 수 있어야 하며, 그것을 실제 구현하는 것도 어렵지 않아야 하니 알고리즘 시스템을 쓴 게 설명이 된다. 알고리즘을 문제 해결의 조건문이라고 정의하면, 각 부재에 어떤 조건을 주어 변형에 제약(Constraint)을 정해주는 것이 디자인의 주된 방향이라고 할 수 있다. 일반적으로 부재들이 기둥에서 평면상 십자 (+) 형태로 3단으로 쌓이면서 점차 지지 면적을 넓혀가는 방식으로 구성된 삼각형을 기본 가이드로 설정하고 각각의 주요 지점을 입력한다. 삼각형의 꼭짓점을 움직이면 그에 따라 공포의 크기, 첨차(부재들을 층층이 쌓을 때 끼워 넣는 연결 부재)의 각도나 구성이 다양하게 변화된다. 물론 기존 형태를 유지할 수 있는 선에서 변화의 최대치를 결정한다. 이렇게 만들어진 삼각형이 3차원으로 다양하게 쌓이면서 여러 형태의 실험이 가능하다.

많은 프로젝트가 그렇지만 공포가변 역시 처음부터 단계별로 차분히 진행된 프로젝트는 아니었다. 대학원생의 논문과 별개로 '프로토타이핑 전문기업 육성 사업'에 일주일 동안 쓴 지원서가 선정되며 시작된 것이었다(그때 3D 프린팅 비용으로 3천5백만 원가량을 지원받았다). 지원서 내용은 '전통 건축의 현대적 구축'이었고, 거기서부터 짧은 시간에 머리를 빠르게 굴려 공포를 찾아내 안을 발전시킨 것이었다. 지원받은 3D 프린팅 서비스는 꽤 세밀한 출력이 가능했고, 덕분에 공포가변은 원래 목구조이지만 그 형태만 따온 매우 복잡한 형상을 만들 수 있었다. 여기에 쓰인 광경화성 프린팅(SLA: Stereolithography)이라는 방식은 액체 상태의 레진을 자외선으로 굳혀 쌓아나가는 것을 말하는데 0.01밀리미터의 해상도를 갖는다. 개별 조각들은 1,700밀리미터 x 80밀리미터 x 600밀리미터의 작업 사이즈에 맞게 총 14개의 크기로 나뉘어 출력된 후, 전통 건축의 결합 방식으로 현장 조립되었다. 건축이라고 하기에는 철저하게 개인의 프로젝트로 진행된 공포가변은 서울과학기술대학교 건축학과 건물인 무궁관 로비 한쪽 구석에 몇 년간 전시되어 있다가 최근에 철거됐다.

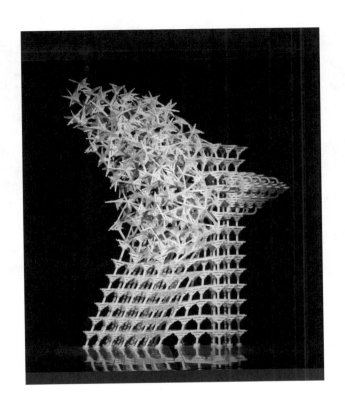

○
사람 스케일의 공포가변. 공포의 다양한 적용을 실험하기 위해 원형 및 다양한 변형 정도를 한 형태에 모두 담아냈다. 실제 공포보다는 축소된 크기로 유닛 간 대립을 극대화한 모습을 보여주고자 했다.

○
부석사의 주심포.

○
주심포를 3D 프린팅으로 구현했다.

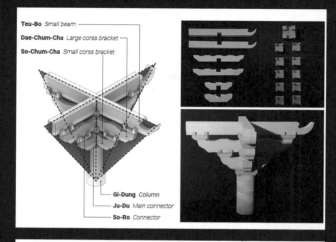

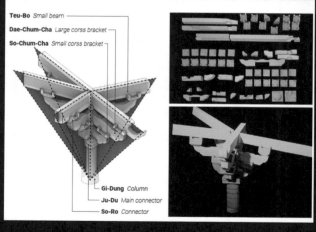

○
삼각형을 가이드로 활용해 부재의 지점들을 입력해 넣는다.
기존 형태와 변형 후 형태를 각각 목재로 만들어보았다.

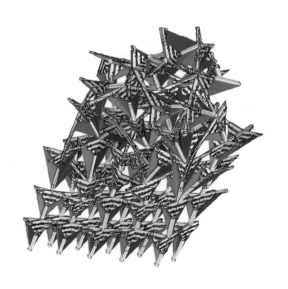

3차원으로 쌓아 올린 삼각형 그룹에 공포가 뿌려진다.

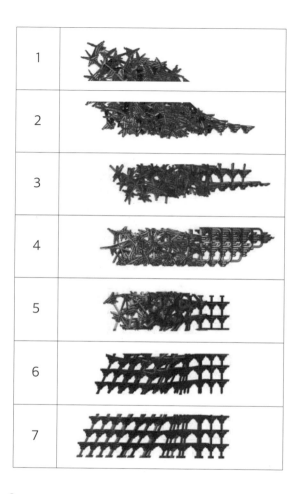

1	
2	
3	
4	
5	
6	
7	

○

3D 프린팅을 위해 층별로 조각냈다.

○
광경화성 프린팅 작업을 마친 후 완성품이 올라오는 모습이다. 후가공으로
제거해야 하는 서포트가 같이 출력된다. 출력 시간만큼 후가공에도 시간이
들었다.

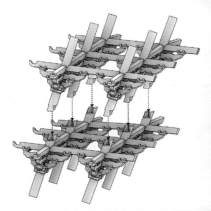

Cross Double-Leaf Connection
*Korean traditional wood joint in
vertical direction*

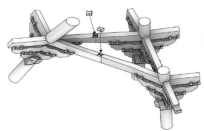

Butterfly Connection
*Korean traditional wood joint in
horizontal direction*

○
다양한 형태의 변형이 적용된 공포들.

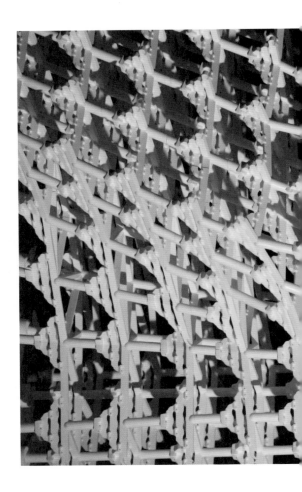

끊임없이 변화하는 스펙트럼이 흐름으로 형태를 표현했다.

10

컨플럭스

건축학과에서 너무나 많이 쓰이는 식상한 두 단어인
'디지털 패브리케이션'으로 만들어진 파빌리온이다.
복잡한 디지털 형상이 어떻게 구현되는지를
전형적으로 보여준다.

디지털 패브리케이션의 유행

잘나가던 해외 유명 대학에서 디지털 패브리케이션 붐이 일던 때가 있었다. 모델링과 그래픽 툴이 사용된 스크린 속 현란한 이미지가 유행처럼 번진 시기를 지나 그것을 구현하는 데에 필요한 여러 기술도 영역을 넘어 접목되니 미래의 건축으로 여겨졌다. 그러나 지금은 대학 커리큘럼의 하나 정도로 규모가 축소되고 하는 사람만 하는 마니아의 분야가 되어버린 느낌이다. 당연하게도 복잡한 디지털의 기하학적 형태를 구현하는 것은 여전히 쉽지 않다.

세계건축가연맹(UIA: Union International des Architects)은 3년 마다 세계 도시를 순회하며 세계건축가대회를 열어왔다. 우리나라는 세 번의 도전 끝에 2017년, 이 대회를 유치했고 그해 국내에서 열리는 국제 행사 중에 가장 규모가 컸다고 하는데, 당시에 그것을 알았다거나 시간이 지난 현재 그 당시를 기억하는 일반인은 없다. 하여간 전시와 강연은 삼성동 코엑스에서 열렸고, 수많은 업체 홍보관과 학생 파빌리온들 사이에 무언가 중심이 될 만한 설치물을 설계·시공하기 위해 여러 관련 단체의 논의가 이어졌다. 그 단체 간의 복잡한 관계들 사이에서 '젊은건축가포럼'

의 운영위원이었던 내가 설계와 시공을 맡게 되었다. 어째서 나에게 그 일이 온 것인지 정확히 알 수 없었다. 아무튼 나는 일을 복잡하게 만들고 싶지 않았기 때문에 최대한 단순한 디자인을 하고자 했다.

디지털 디자인과 실제의 간극

컨플럭스라는 이름의 파빌리온은 2017 서울 세계건축가대회의 학생 및 젊은 건축인 플랫폼의 주제인 '건축 융합'의 기하학적 해석이다. 두 개의 깔때기 형상을 따라 합류와 분기하는 곡선들은 밀도를 바꾸며 공간적이면서도 구조적인 특성을 만들어낸다. 휘어진 합판이라는 단일 재료의 결합으로 이루어진 가벼운 구조체를 생각했다. 6.5밀리미터 두께로 340개의 다른 모습을 가진 평면의 부품은 CNC로 재단했다. 컴퓨터에 의해 생성된 디자인과 재료의 물성 사이에서 접합 문제를 해결하기 위해 디지털은 물론 현실에서 많은 실험을 거쳤다. 컨플럭스 파빌리온은 행사가 있을 때는 무대로 사용되고 평상시에는 사람들이 모이는 장소로 쓰였다. 이 독특한 설치물은 거대한 컨벤션 홀에서 관람자의 중심점 역할을 했다.

시작은 단순했다. 간단한 두 개의 깔때기가 만들어내는 큰 형상을 따라 곡선이 흘러가는 모습이 그 시작이었다. 그러나 재료를 목재로 선택하면서 복잡해졌다. 합판 크기의 제한, 목재의 휨이라는 공정상 문제, 재료 두께에서 생기는 오차 그리고 기존 작업과 완전히 다른 데서 오는 목공 작업자들의 불만이 하늘을 찔렀다. 완성 전날까지도 이것이 가능한 것인가 확신이 서지 않았지만, 돈과 계약으로 맺어진 건축가대회와 나의 관계, 나와 목공업체 간의 관계는 결국 완성으로써 모든 문제를 해결했다. 작업 내내 목수 아저씨들의 수많은 불만을 들으면서도, 목공업체 사장님과 나눈 대화 중 인상적이었던 부분이 있다.

"우리(사장님과 의뢰자인 나)는 이 프로젝트를 완성시키겠다는 의지를 갖고 있지만 그들(목수들)은 없기 때문에, 우리는 저들에게 일을 시키고 저들은 따르고 있는 게 아닐까."

○
코엑스에 설치된 파빌리온. 목재의 휨으로 6미터 높이의 구조를 만들었다.

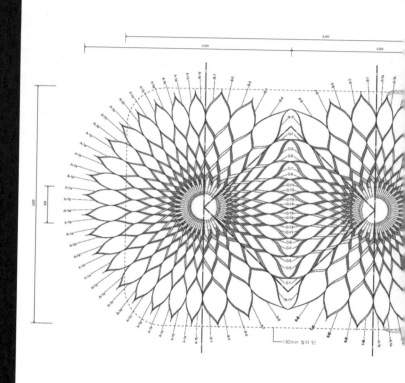

건축가가 직접 시공하지 않는다면 시공자가 읽을 수 있는 도면을 제공해야
한다. 컴플럭스 시공 때는 설계 인턴이 따라가서 시공 기간 내내 옆에 붙어
있었다.

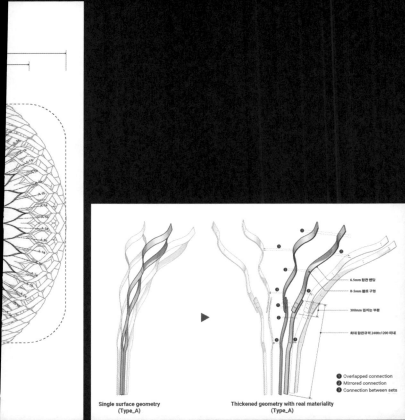

6.5mm 접관 밴딩

R-5mm 볼트 구멍

300mm 겹치는 부분

최대 철관규격 2400x1200 이내

1 Overlapped connection
2 Mirrored connection
3 Connection between sets

Single surface geometry
(Type_A)

Thickened geometry with real materiality
(Type_A)

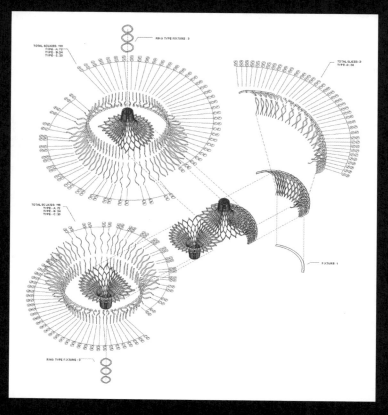

○
동일 부재를 반복적으로 썼어도 여전히 다른 형태의 부재들이 많았고, 합판
크기 제한으로 인해 부재를 반으로 자르는 일도 생기면서, 각 부재에 이름을
붙이고 결합 순서를 정하는 일이 더 복잡해졌다.

❶ 1/20 모형 제작

❷ 재단된 재료의 운반

❸ 재단된 재료의 분류

❹ 볼트 결합 후 휨

❺ 휜 부재 고정

❻ 추가 재단을 위해
파손된 부재 파악

❼ 완성된 유닛들

❽ 유닛 결합

❾ 차량 운반 가능한 최대 크기 제작
(도로 운반 가능한 최대 폭 5m)

❿ 차량 운반

⓫ 재단된 재료의 운반

⓬ 재단된 재료의 분류

⓭ 파빌리온의 설치

실제 시공을 하면서 일어나는 계획된 절차들과
그 외의 수많은 시행착오 그리고 임기응변.

○
여러 부재가 맞춰지면서 합쳐진 최상단 모습.

○
설치된 기간은 3일이었다. 이후 바로 철거되었다.

파도 파빌리온

스마트와 에코를 표방하는 지자체의 요청으로 시작한
파빌리온으로, 3D 프린터로 크고 이상한 것을
작정하고 만든 프로젝트다.

3D 프린터가 바꾸지 못한 건축

2012년, 옷 가게가 줄지어 있는 뉴욕 소호에 3D 프린터 업체인 메이커봇(Makerbot)이 오프라인 매장을 열었다. 관광객들과 쇼핑객들에게 작은 3D 프린팅 기념품을 나눠주면서 홍보하다가, 때맞춰 그해 가을 블랙프라이데이에 세일을 했다. 메이커봇에서 만든 레플리케이터(Replicator)라는 제품은 거의 처음으로 상용화된 데스크탑 3D 프린터로 1,999달러라는 할인된 가격으로 그 장비를 샀을 때 그 기계가 건축의 미래가 될 것처럼 보였다. 가볍다는 걸 자랑하려는 듯 그 3D 프린터를 한 손에 들고 여러 잡지에 등장했던 브리 페티스라는 회사의 설립자이자 CEO는 한참 이름을 날리던 때에 자기 회사를 대기업에 고가에 매각하고 사라졌다. 소호의 가게는 곧 사라졌고, 내 3D 프린터는 1년 만에 고장이 났으며, 수리비가 50만 원이라는 소리에 5년 동안 구석에 처박혀 있다가 재활용도 안 되는 그저 폐기물이 되었다.

3D 프린터가 우리 사회를 완전히 뒤바꿀 만한 대단한 기술처럼 보이던 아주 잠깐의 시기가 지나고 다시 10여 년이 흘렀다. 종이 프린터처럼 디지털 파일을 넣으면 무언가가 출력되어 나온다는 의미로 프린터라고 불렸는데, 당시에는 모든 것을 뽑아낼

것처럼 보였다. 현재는 건축학과에서 쉽게 볼 수 있는 장비고 학생들이 개인 작업을 위해 살 정도로 가격이 저렴하지만, 그 한계가 명확하다. 그다지 높지 않은 해상도, 떨어지는 마감 퀄리티, 오랜 출력 시간 등으로 현재는 건축 모형이나 별로 쓸모 있어 보이지 않는 작은 소품이나 금속을 대신하는 조형물 정도에서 사용되고 있다. 또는 많은 산업에서 테스트용 목업(Mock-Up) 모형으로 쓰인다. 산업적으로 틀이 잡힌 것처럼 보이는 것도 있지만 초창기 난리 치던 것에 비하면 다소 시시한 상황이다. 하지만 뉴스에 등장하는 나사(NASA)의 첨단 우주 연구나 식물성 고기 같은 친환경 스타트업 등 최첨단 분야에서는 여전히 핫한 기기이다.

흔히 보는 3D 프린터는 플라스틱 필라멘트를 녹여서 쌓는 FDM(Fused Deposition Modeling) 방식이다. 서포트라고 불리는, 스스로를 지지하는 부분을 만들면서 출력하므로 어떤 형상이든지 다 만들어낼 수는 없고, 실패도 잦아 돈을 좀 더 주고 업체에 맡기는 게 속 편한 경우가 많다. 필라멘트를 사용한 FDM은 3D 프린터의 접근성을 높였지만, 동시에 3D 프린팅이 별 대단한 게 아니라는 인식도 만들었다. 하지만 3D 프린팅은 끊임없이 발전하고 있다. 렘 콜하스의 OMA가 광교 갤러리아 백화점의 외부에 붙인 불규칙한 구조를 만들기 위해 모양이 모두 다른 5백여 개의 금속 연결 노드가 필요했을 때, 이를 해결한 게 모래 3D 프린터로 만든 주형틀이었다.

모래 3D 프린터가 출력하는 디자인

'파도 파빌리온'은 스마트 에코 시티를 표방한 인천시 서구의 공공 파빌리온으로 모래 3D 프린터로 제작되었다. 최신 시공 기술과 더불어 지역 사회의 친환경 정책을 보여주는 일종의 모델이었다. 나아가 버려진 자투리땅의 공공성을 제고하고자 설치되었다. 포켓 가든이면서 모임 장소인 동시에 조형물 역할을 제공하고자 했다. 이미 존재하고 있지만 지역에서 그다지 존재감 없던 두 그루의 큰 나무를 감싸면서 바닥의 조경이 자연스럽게 인공 구조물로 바뀌는 형태의 디자인이다. 전체적인 구조는 바다의 거품과 같은 모습으로 파도와 닮았다.

　　바다 거품 형상의 구조체는 프로그래밍된 알고리즘으로 디자인되었다. 전체적인 형상을 지지할 수 있는 최소 단면과 최대 길이를 설정해 최적화 과정을 거쳐 완성됐다. 이 복잡한 형태를 구현하기 위해 우리나라 최대 크기의 모래 3D 프린터가 사용되었다. 아무 모래를 사용하는 것은 아니고 특정한 규사를 사용하는 장비로 베드라는 바닥 면에 모래와 접착제를 한 층씩 쌓는 바인더 젯 방식이다. 대학에서 많이 사용하는 데스크탑 3D 프린터의 베드가 가로·세로 250밀리미터 내외인 것에 비해 여기서 사용한 장비는 1,800밀리미터 x 1,000밀리미터 x 700밀리미터 사이즈에 400dpi의 해상도를 가지고 있었다. 16조각으로 나뉜 부품의 전체 출력 시간은 한 달이었고, 이후에 경화 및 도장 작업을 거쳤다. 연결 부위 역시 모델링 때 같이 디자인해 주문 제작한 금속이었다.

　일반적으로 쓰이는 건축재 정도의 규모와 강도를 출력할 수 있는 3D 프린터 연구는 현재진행형이다. 상용화하기까지는 시간이 오래 걸릴 듯하다. 무엇보다 우리나라의 건축·건설업계에서는 새로운 기술에 큰 관심이 없다. 대형 건설사는 이미 중국이 선점한 분야에 뛰어들 필요를 못 느끼고 작은 업체나 학계는 모형 수준으로 그 기능을 축소했다. 그러나 너무 섣불리 무언가를 재단하고 한정 지을 필요는 없다. 최근 메이커봇의 전 사장인 페티스의 근황을 찾아보니, 여전히 가공 관련된 기계 장비 사업을 하고 있었다. 그는 그저 장사꾼은 아닌 듯싶다.

○

주차장 옆 버려진 땅에 설치된 파빌리온. 원래 이 땅에는 사람들의
관심을 받지 못하는 큰 나무 두 그루가 서 있었다.

○

규모가 작아도 기존 환경과 자연스럽게 어울리는
인공물이라는 점을 명확히 보여주고자 했다.

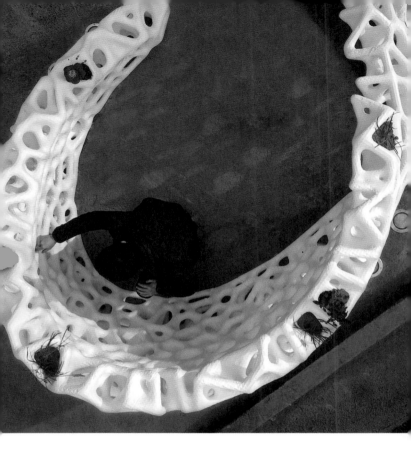

온전한 공간로 부르기 모호하지만, 3D 프린팅으로 만든
규모 있는 구조체를 만들고자 했다.

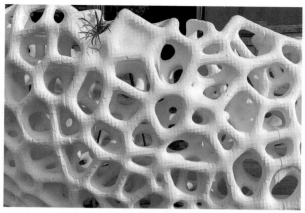

○
처음부터 3D 프린팅이 아니면 만들 수 없는 형상을 생각했다. 픽셀로 쪼갠 작은 면들도 더 부드럽게 할 수 있었지만, 디지털 과정을 거쳐 나온 결과물로 보이게 하고 싶었기에 의도적으로 어느 정도 크기를 유지했다.

○
거품의 구조가 막혀서 만들어진 화분 부분.

○
바닥의 조경 부분.

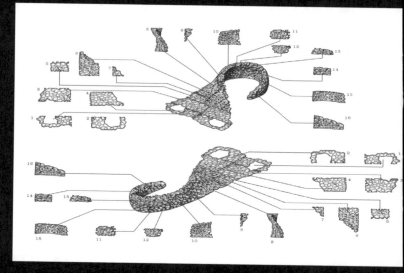

○
16조각으로 나뉜 조각 파일들.

바인더 젯 모래 3D 프린터는 베드라고 불리는 바닥 면이 서서히 내려가면서 모래와 바인더(본드)가 한 층 쌓이고, 다 출력되면 본드가 묻지 않은 밝은 모래에서 바인더가 칠해진 어두운 형태를 발굴하듯이 분리하게 된다.

○
발굴 과정.

○
도장 전 16개의 부품.

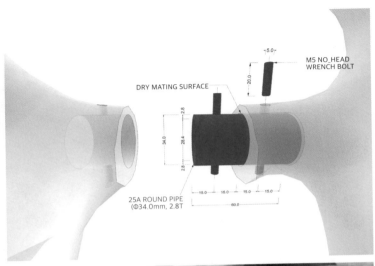

○
건식으로 연결된 상세 도면으로 어두운 부분은 강관과 무두 볼트로
되어 있고, 나머지 모델링은 3D 출력으로 만들어냈다.

○
테스트용 일대일 목업 모형의 디테일.

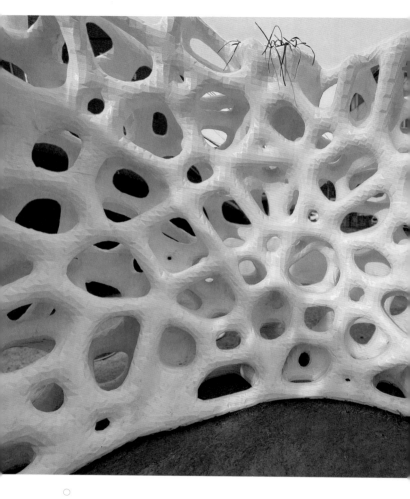

최종 설치된 후 안쪽에서 본 모습.

12

무드맵

디자이너가 의도를 가지고 가공 데이터를 시각화한
프로젝트다. 실시간으로 반응하는 한국어를 분석해
감정을 보여주고자 했다.

과정이라는 결과

설계 교수들은 건축설계 수업에서 학생들에게 수많은 다이어그램과 프로세스를 강조하고, 실무 건축가들은 공모전이나 현상설계에서 왜 이런 형태와 도면을 내놓았는지 온갖 근거를 들어 설명한다. 이렇게 결과물만큼이나 과정을 중요시하는 디자인 분야가 있을까 싶다. 이 복잡한 과정에 새로운 기술이 접목되었을 때 어떠한 결과물 혹은 예상치 못한 새로운 프로세스 자체가 나올 수 있다.

3D 모델에 재질을 입힌다는 의미로 많이 쓰이는 매핑(Mapping)의 본래 뜻은 '특정 값을 다른 값에 대응하는 과정'이다. 건축이나 특히 도시설계 분야에서는 많은 지정학적인 데이터를 지도에 어떤 방식으로든 표시하는 것을 뜻한다. 숫자였던 데이터를 나름의 방식으로 가공하여 시각화된 결과물을 만듦으로써 디자인이나 주장의 근거로 사용한다.

이름부터 '과정'인 프로세싱(Processing)이라는 소프트웨어가 있다. 컴퓨터 프로그래밍 언어로 온라인상의 오픈 소스를 사용자에게 맞게 가공하는 데에 주로 쓰인다. 인풋이 되는 데이터를 선택하고 어떻게 걸러낼 것인지, 그 결과물을 어떤 방식으로 시각화할 것인지에 따라 가공하는 사람의 의도가 매우 강하게 개입될 수 있고, 따라서 주관이 들어가는 디자인의 영역이라고도 할 수 있다.

감정이 그리는 지도

무드맵은 한국인이 트위터에서 사용하는 언어를 분석해 빛의 색으로 시각화하는 프로젝트이다. API를 활용해 한국어를 분석하고 프로세싱 소프트웨어로 새로운 프로그램을 개발했고, 한국인의 감정과 기분을 묘사하는 단어들을 구분한 분석표를 적용했다 (이준웅, 송현주, 나은경, 김현석 (2008). '정서 단어 분류를 통한 정서의 구성 차원 및 위계적 범주에 관한 연구'. 한국언론학보). 감정은 크게 여섯 가지로 나뉘는데 그것은 각각 기쁨/긍지·연민·사랑·공포·분노·슬픔/좌절이다. 이 여섯 가지의 감정으로 구분되는 형용사가 트위터에 뜰 때마다 해당 부분에 LED가 들어오는 식으로 디자인되었고, 이를 위해 재생 플라스틱과 측면 발광 광섬유를 사용했다. 이를 통해 감정의 지도를 3차원의 물리적·시각적 공간으로 표현하고자 했으며, 방문자는 서로의 보이지 않는 감정을 재료 삼아 실시간으로 소통한다.

언어화·데이터화된 감정을 빛으로 바꾸는 과정을 통해 과학적 현상을 보여주기보다는 인간의 감정이 온라인 세계로 이렇게 빠르게 역동적으로 분출되고 있음을 시각적으로 구현하는 데 초점을 맞추었다.

무드맵은 서울대학교 미술관의 전시 데이터 큐레이션(Data Curation)의 초청 설치물이었다. 오프닝 때 작품 설명을 위해 옆에 서 있다가 관람자에게 '어떻게 봐야 지도냐?', '전공이 뭐냐?'는 질문을 받은 적이 있는데 곰곰이 곱씹어봐도 들을 법한 질문이었다.

○
천장에 설치된 모습으로 6개의 광원이 무선 인터넷으로 데이터를 받아 광섬유 빛을 뿜어낸다. 다양한 빛깔의 불빛 아래 가공된 데이터가 만든 디자인을 경험할 수 있다.

5개의 감염 한무리이 사용하는 형용사에 따라 6종류로 구분한 후(한국어로휴화비 눈도 첨고), 해당 단어가 트
인터에 뜰 때마다 그에 대응하는 일루미네이터에 불이 들어오는 방식이다. '프로세싱'이라는 소프트웨어를
가능도 치고는 컴퓨터언어화의 후 제어당 미구이ㅇㄹ 프로젝트가 끝날 때까지 하느이 아그리 이미를 저향하

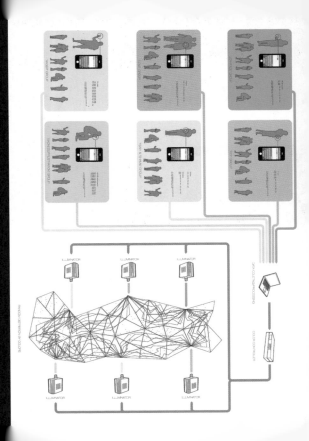

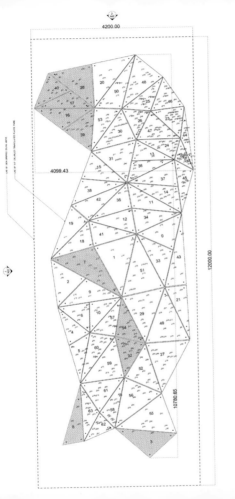

4200.00

4099.43

12000.00

10780.65

REFLECTED CEILING PLAN

○
당시 내가 미국에서 활동할 때라 미국에서부터 출력해 들고온 일대일
도면을 천장에 붙이고, 너무나 오랜만에 만난 학부 후배들과 시공했다.

○
설치를 끝낸 모습.

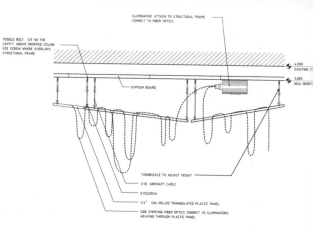

ILLUMINATOR ATTACH TO STRUCTURAL FRAME.
CONNECT TO FIBER OPTICS

TOGGLE BOLT SIT ON THE
CAVITY ABOVE DROPPED CEILING
USE SCREW WHERE OVERLAPS
STRUCTURAL FRAME

4,000
EXISTING

3,600
NEW DROP

GYPSUM BOARD

TURNBUCKLE TO ADJUST HEIGHT

1/32 AIRCRAFT CABLE

EYESCREW

1/2" CNC-MILLED TRIANGULATED PLASTIC PANEL

SIDE EMMITING FIBER OPTICS CONNECT TO ILLUMINATORS
WEAVING THROUGH PLASTIC PANEL

3. TYPICAL DETAIL nts

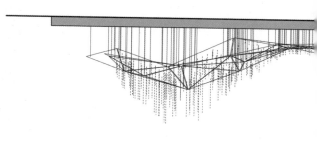

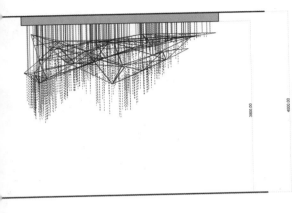

3800.00

4000.00

2. ELEVATION SCALE 1 : 40

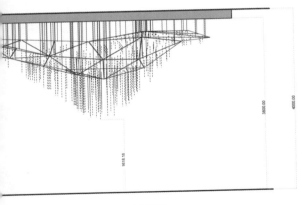

3800.00

4000.00

1618.16

1. ELEVATION SCALE 1 : 40

을 위해, 미술관 관7   i기 위해 그린 도면

13

회현동 앵커시설

서울시 공공건축가로서 참여하게 된 프로젝트로
사회가 요구하는 건축가의 책무에 대해 명확히
이해하게 되었다.

건축가가 하는 일, 공공건축가가 하는 일

의뢰받은 프로젝트를 골라서 진행할 정도의 레벨에 오른 건축가는 건축주가 그의 디자인 성향과 업계에서의 수준을 알고 선택한 경우가 대부분이므로 작가로서 자신의 목소리를 낼 수 있다. 마치 봉준호의 영화나 한강의 소설처럼 자신의 명확한 스타일이 창작물에 드러난다. 우리가 보는 잡지 같은 매체에 나오는 많은 국내외 스타 건축가들도 비슷할 것이다. 그렇지만 직업인으로서 보통의 건축가는 그러기 쉽지 않다. 대규모 예산과 긴 설계와 공사 기간을 고려하면 건축가에게 요구되는 사회적 기능은 건축주의 요구 충족이다. 따라서 건축가의 역할은 건축주를 보조하는 에이전트다. 법의 테두리 안에서 의뢰인을 보호하는 변호사처럼, 건축이라는 영역 안에서 건축주의 이익 확보에 도움이 되는 방향으로 움직이는 것이 그 직업적 태도다. 그런데 불특정 다수가 사용하는 공공건축에서는 건축주의 설정이 모호해진다.

서울시는 근대자산이라는 이름으로 50년 이상 된 건물들을 사들여 공공 용도로 운영하고 있다. 특히 중구청은 회현동 빈 땅, 즉 단독주택까지 포함한 여섯 개의 사이트에 앵커시설(지역 거점 시설)을 만들고자 했다. 다른 다섯 개의 사이트를 맡은 건축가의 상황은 저마다 다르겠지만, 일이 들어오지 않는 나 같은 건축가는 수의 계약 범위 내(2천만 원)의 설계비가 책정된 프로젝트에 지원해 진행하게 되었다. 남산 아래 회현동 내에 차가 들어갈 수 없는 땅에 있는 85년 된 일식 목조 가옥을 주민 커뮤니티 시설로 대수선하는 작업이었다. 이 공공프로젝트 전체를 관리하는 곳은 중구청 건축과였고, 발주처는 공기업인 SH공사였다. 사용자는 동네 주민이었다. 계약서에 서명한 후 참여한 첫 번째 주민 회의에서 나온 의견은 '왜 신축도 못 하게 건축 자산이라는 것을 만들어 집주인을 괴롭히냐?'라는 것과 '일식 가옥에 무슨 좋은 의미가 있다고 리모델링까지 하는가?'였다. 입장이 다른 수많은 사람이 얽힌 프로젝트에서 건축가가 할 수 있는 것은 자기 목소리를 내지 않고 눈치껏 대다수가 원하는 모습을 만들어주는 것이다. 결과적으로 내가 이전에 했던 어떤 프로젝트와도 성격이나 접근법이 완전히 달랐다.

근대자산을 가공하는 법

1935년에 지어진 일제의 목조주택을 용도변경 및 대수선하여 지역 주민을 위한 공용시설로 탈바꿈하는 도시재생사업의 일환이었다. 흔히 이러한 일본의 목조주택을 적산가옥(敵産家屋)이라고 부르며, 많은 해당 건물이 서울시 건축 자산으로 지정되어 그 건축적·역사적 의미를 부여받고 있으나 논란거리가 많다. 현재는 일제 강점을 입증하는 네거티브 헤리티지(Negative heritage)로서 우리의 역사·문화적 자원으로 이해하려고 하는 것 같다. 당시 서울시는 이 프로젝트를 통해 건축 자산인 일식 근대가옥의 새로운 모델이 제시될 것으로 기대했다.

주택 상태는 수십 년에 걸친 증·개축으로 원래의 모습을 파악하기 어려웠다. 따라서 주택이 처음 지어질 때의 모습을 그대로 재현하는 것보다는 어느 정도 분위기는 유지하고 필요한 주민 프로그램을 배치하는 데에 주안점을 두었다. 지붕을 기준으로 증축된 부분을 모두 철거하고 외벽을 새롭게 구획했다. 또한 내부 용도에 맞게 내벽을 대부분 헐어내고 철골조로 구조보강을 하였다. 아울러 일식 목조주택 특유의 지붕 목구조가 외부에서도 읽힐 수 있도록 부분적으로 유리를 배치해 넣었다. 무엇보다 다양한 크기의 수직 창을 끼워 넣어 기존 모습과 형태적 긴장감을 만들어내 디자인적으로 특정한 시기에 치우치지 않은 모습을 보여주고자 했다.

일식 가옥에서 가장 특징적인 요소인 천장의 내부 목구조를 드러내는 데에 초점을 맞춰 디자인했다. 실 구분을 위해 마감으로 덮인 천장과 내벽을 모두 철거하고, 2층을 주민을 위한 단일공간으로 만들어 목구조가 만들어내는 효과를 극대화하고자 하였다. 특히 전면 매스를 캔틸레버화하고 통유리를 두어 외부와 소통하는 동시에 일반적인 리모델링에서 더 나아가 매스 자체에 변화를 주고자 하였다. 이를 위해 부분적으로 철골 보강이 이루어졌고 금속·유리와 같은 새로운 재료가 기존의 목재·기와와 대조를 이루며 어우러지는 모습이 만들어졌다.

두 배로 늘어난 설계 및 시공 기간 탓에 금전적·시간상으로 이득이 전혀 없는 프로젝트였고 공사 내내 누군가와 싸웠지만, 그래도 도면상 로비라고 표기한 부분에서 하교한 아이들이 엎드려 책을 읽는 것을 보고 성공한 프로젝트라는 생각이 들었다. 이 건물은 2019년 대한민국 공공건축상 우수상을 받았다.

○

(좌) 오래된 목조주택의 모습을 유지하면서 동시에 새로움을 끼워 넣고자 했다. 일식 가옥이 지닌 부정적인 이미지를 최소로 가져감과 동시에 오래된 목구조가 지닌 장점을 드러내고자 했다.

ⓒ

(우) 기존 모습.

ⓒ
대수선 후의 모습. 증축된 부분을 덜어
내어 외부 공간을 확보하는 것이 기본
방향이었다.

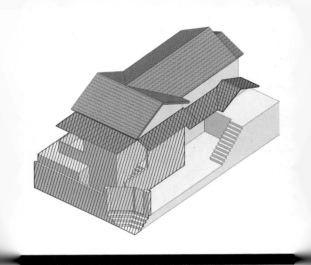

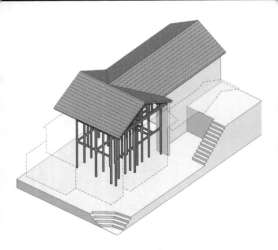

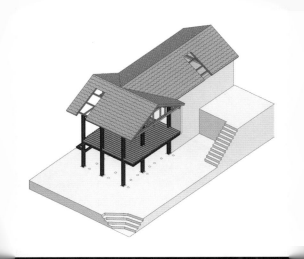

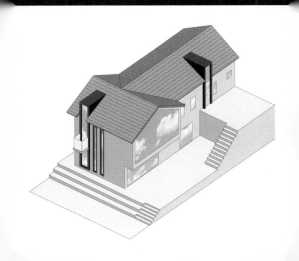

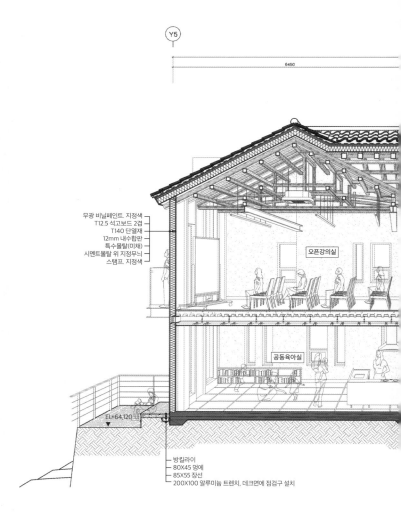

Y5

6450

무광 비닐페인트, 지정색
T12.5 석고보드 2겹
T140 단열재
12mm 내수합판
특수몰탈(미채)
시멘트몰탈 위 지정무늬
스탬프. 지정색

오픈강의실

공동육아실

EL+64,120

방킬라이
80X45 멍에
85X55 장선
200X100 알루미늄 트렌치, 데크면에 점검구 설치

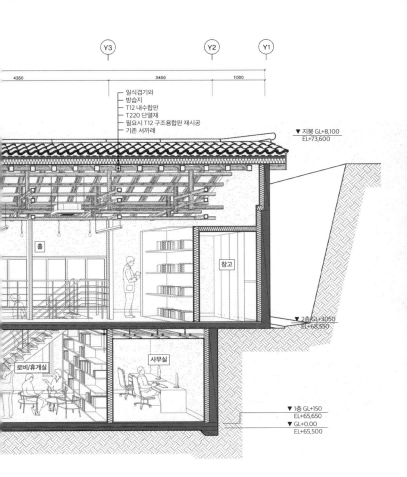

Y3	Y2	Y1

4350   3450   1000

- 일식겹기와
- 방습지
- T12 내수합판
- T220 단열재
- 필요시 T12 구조용합판 재시공
- 기존 서까래

▼ 지붕 GL+8,100
EL+73,600

홀

창고

▼ 2층 GL+3050
EL+68,550

로비/휴게실

사무실

▼ 1층 GL+150
EL+65,650
▼ GL+0.00
EL+65,500

○

2층에 대형 공간을 만들기 위해 새로운 철골구조를 더했고, 기존 목구조와의 관계를 명확히 해야 했다. 이 이미지는 실시도면이라기보다는 구조 및 콘셉트의 설명을 위해 추후에 그린 것이다.

도면을 그대로 반영한 단면 모형.

ⓒ

주민 회의를 위한 공간으로 천장의 기존 목구조를 그대로 드러내는 동시에 철골조 보강을 시각적으로 강조했다. 두 재료가 대조되는 모습을 의도적으로 강조했다.

ⓒ
목구조와 다양한 마감의 철골들이 시각적 대조를 만들어낸다.

ⓞ
벽체를 없앤 부분에 대공간을 만들기 위한 작업이 이어졌다.
많은 나무 기둥이 없어지고 철골 보와 기둥이 보강되었다.

보강을 위한 구조 설계는 철거 후에 이루어졌다. 공공건축의 절차상 도면 납품 후 철거할 수 있으므로 철거 시작과 함께 공사를 두 달간 멈추고 현장 상황에 맞게 도면을 다시 그렸다.

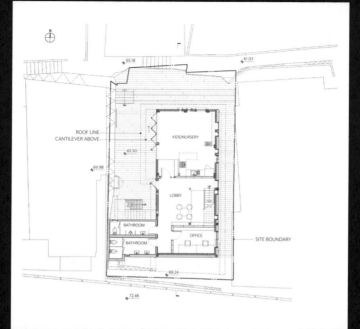

ROOF LINE
CANTILEVER ABOVE

KIDS/NURSERY

LOBBY

BATHROOM

BATHROOM

OFFICE

SITE BOUNDARY

65.18

61.03

65.50

69.98

69.24

72.46

1층 평면도.

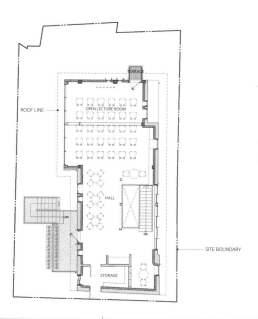

2층 평면도.

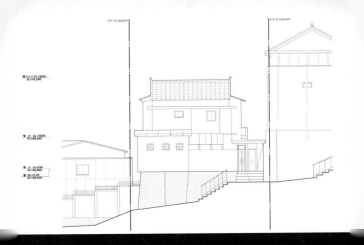

기존 정면도.

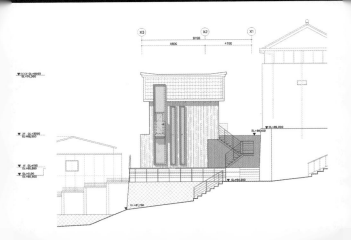

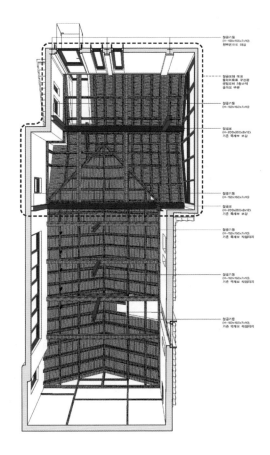

철골기둥
(H=150×15(c7×10)
청부분으로 마감

철골보와 테크
철이상으로 구신환
샌딩의의 2층ui역
슬리크된 부분

철골기둥
(H=150×15(c7×10)

철골보
(H=200×200×8×12)
기존 목재보 보강

철골기둥
(H=150×15(c7×10)

철골보
(H=200×200×8×12)
기존 목재보 보강

철골기둥
(H=150×19(c7×10)
기존 목재보 직접지지

철골기둥
(H=150×16(c7×10)
기존 목재보 직접지지

철골기둥
(H=150×16(c7×10)
기존 목재보 직접지지

○

올려다본 지붕의 상세도. 나무 보를 그대로 받치는 철골 기둥과 나무 보 아래의 철골 보를 한 번 더 받치는 철골구조 설계는 두 구조업체가 포기한 뒤들어온 세 번째 업체와 현장에서 상의 후 정해졌다.

227

ⓒ
많은 기존 요소가 세월
을 넘어 현대적인 미와
어우러졌다.

ⓒ

디자인적으로 가장 신경 쓴 부분은 과거 모습에 너무 얽매이지 않도록 하는 것이었다. 그 요소는 바로 기와지붕을 찢고 끼워진 세로 창들이다.

14

흩어지다

접근하는 방식이나 콘셉트에 따라 다르겠지만, 복잡한
형태를 가장 쉽게 구현하는 건축 재료는 금속이다.
형태를 다루는 방식에 있어서는 작은 모형을 만들 때
사용하는 종이와 거의 같은 성질을 지니고 있다.

디지털 건축 언어의 흐름

20세기 후반 건축계로 들어온 디지털 디자인은 해체주의와 결합해 새로운 흐름을 만들었다. 해체주의의 거물인 피터 아이젠만이나 다니엘 리베스킨트 등의 이론적 배경은 배제하고 모니터 내에서 누가 더 과격한 형태를 만드는지 실험하는 건축가들이었다. 이런 흐름을 가장 빠르게 받아들인 서구 학교들은 이 분야를 교육 주제로 잡았지만, 실무에 적용할 만한 구석이 없었기에 꽤 많은 졸업생은 그 기술을 들고 영화 쪽으로 진출했다. 스탠퍼드에서 기계공학 학사를 하고 컬럼비아에서 건축학 석사까지 한 조셉 코신스키 선배(개인적으로는 전혀 친분이 없다)가 감독으로 최근작 '탑건; 매버릭(2022)'을 성공시킨 것이 그 예이다.

    아주 짧았던 디지털 세계의 해체주의 유행을 이끈 동력은 그려진 것들을 어떻게 구현할 것인가에 대한 탐구였고, 이것은 디지털 패브리케이션이라고 불렸다. 3D 모델링 방식이 마우스를 스케치하듯 움직여 덩어리로 모양을 쉽게 만드는 메시(Mesh) 모델링에서 커브와 면 기반의 넙스(NURBS: Non-Uniform Rational B-Spline) 모델링으로, 즉 수치 기반의 정교한 디자인으로 옮겨갔다. 하지만 진정한 선수들은 둘 모두를 동시에 사용할 수 있었고

편의에 따라 바꿔가며 모델링을 하였다. 그리고 수많은 젊은 건축가는 디지털 세계의 디자인을 밖으로 끄집어내기 위해 무수한 인스톨레이션이나 파빌리온으로 경쟁했다. 나 역시 그들 중 하나였지만 몇 년 지나지 않아 이 역시 건축의 마이너한 분야로 축소되었다. 하지만 디지털 패브리케이션의 유행을 정통으로 맞은 시기에 그들이 가르치는 학교에 다닌 건축가로서 스스로 가장 멋지다고 여긴 것을 내려놓기는 쉽지 않다.

이 분야는 더 이상 핫한 느낌은 아니다. 당연한 말이지만 어떤 콘셉트를 가지고 디자인을 할 것인가가 더 중요하다. 그런 것을 구현할 수 있는 사람이 여전히 많지 않음에도 불구하고 결과물의 익숙함에 빠르게 인기가 사라졌다. 디지털이라는 표현 자체가 오히려 다소 투박한 어감이 있고, 거기에 디지털 패브리케이션은 소수의 학생이 파고드는 골치 아픈 분야로 들린다. 지금은 가볍고 일상적인 디자인과 아이디어가 더 먹힌다. 게다가 그것을 실현하는 재료가 철판이라면 더더욱 흥미는 떨어진다. 종이를 레이저 커터로 자르고 풀로 붙이는 것과 거의 같은 방식으로 만들어지는 시공법이 미래지향적으로 보이지 않는 것은 당연하다. 그렇지만 제한된 예산을 가지고 쉽게 규모를 키울 수 있는 데다 꽤 오랜 시간 외부에서 버티는 조형물을 만들 때는 여전히 적절하다. 의도된 형태적 복잡함을 재료의 물성 없이 표현해야 한다면 금속만 한 재료는 없다.

복잡함을 다루는 재료

한국에 돌아와 거의 처음 시작한 프로젝트인 '흩어지다'는 이 방식을 그대로 보여준다. 수원과 인천을 연결하는 수인선은 1937년에 개통된 오래된 노선으로 과거에는 선로 위로 협궤 열차가 다녔었다. 이 열차는 1995년 말에 폐선되어 어린 세대는 협궤 열차가 다니던 시절을 알지 못하는 경우가 대부분이다. 하지만 그이전 세대인 인근 주민들이 "과거 소래포 놀러 갈 때나 어물이나 소금 사러 갈 때, 인천에서 수원으로 통근하러 갔을 때 타봤던 추억이 있다.", "소금 짠 내 가득한 열차 안에서의 기억이 생생하다."라고 말할 정도로 옛 수인선을 오갔던 협궤 열차에 대한 기억은 여전하다.

수인선의 일부 구간은 해변 바로 옆에 있어 바다와 염전을 생생히 볼 수 있었고, 덕분에 전망이 좋았다고 정평 나 있다. 거기에 더해 수도권과 가까우면서도 낙후된 곳을 지나갔기 때문에 여러 사진작가의 주요 기행 테마가 되어왔다.

수인선 공원의 조형물인 '흩어지다1'은 협궤 열차의 외형을 한쪽에 그대로 복원함과 동시에 그 일부가 주위에 녹아 흩어지는 모습을 하고 있다. 이를 통해 방문자는 흩어져 있는 과거 기억이 모여 새롭게 구현된 협궤 열차의 모습 혹은 반대로 기억 속 협궤 열차가 현재의 공원에 녹아드는 모습을 경험할 수 있다. 이는 이 열차에 대한 추억이 있는 사람이나 없는 사람 모두에게 시공간을 넘나드는 새로운 인지를 가능하게 한다. 또한 내부를 거닐면서 역사 속 협궤 열차의 크기를 가늠해 볼 수 있다. 모든 형상은 스테인리스 스틸이라는 단일 재료로 만들어져 공원 내의 자연환경이나 다른 시설물을 반사함과 동시에 강한 대비를 이룬다. 공중으로 분산되는 초현실적인 형태는 수인선 공원에 시각적 경쾌함과 기발함을 선사한다.

'흩어지다1'과 마찬가지로 '흩어지다2'는 사라진 수인선 협궤 열차의 모습을 복원하되 외부가 아닌 내부 좌석을 바탕으로 디자인되었다. 이 열차의 궤간 폭은 762밀리미터로 사람들은 외형만큼 좁은 내부에 대해서도 다채로운 기억을 지니고 있다. 수인선 철로 선형과 노반 상태가 그리 좋지 못했고, 무엇보다 협궤라 차체 폭이 좁아서 승차감이 영 좋지 않았다. 열차가 달릴 때는 비포장도로를 달리는 버스같이 좌우로 심하게 흔들려서 서서 갈

땐 고역이 따로 없었다고 한다. 게다가 좁은 차체 탓에 좌석도 좁아서 겨우 한 사람이 드나들 정도의 간격에서 승객들이 마주 보고 앉아 있는 형태였다.

'흩어지다2'는 협궤 열차의 내부 좌석을 한 편에 복원하고 동시에 그 일부가 흩어져 공원에 분산되는 모습으로 디자인했다. 방문자는 과거에 존재했던 열차의 좁은 내부 공간을 체험해 볼 수 있다. 여기에 실제로 열차를 애용했을 할머니의 형상을 둠으로써 향수를 불러일으키고자 했다. 스테인리스 스틸이라는 재료의 비물질성과 분산되는 비현실성은 강한 시각적 환기와 즐거움을 제공하고, '흩어지다1'과 연작 형식을 띠면서 수인선 공원 환경에 통일성을 부여한다.

해체주의, 포스트모던을 아우르는 이 세계 최고의 건축가이며 이론가인 피터 쿡 형님(Sir. Peter Cook)이 디자인 방법론에 관한 자신의 책『Architecture Workbook: Design through Motive(2016)』에 소개해 어떤 것이 건축이고 어떤 것이 그 밖의 세계인지 명확한 구분을 어렵게 하는 모핑(Morphing)의 예시로 언급한 영광의 프로젝트지만, 2022년 조형물로서 수명이 다해 철거된 뒤 고물상 아저씨에 의해 영원히 해체되었다.

○
외부 형상과 내부 형상 등 두 종류로 설치된 '흩어지다'.

○
'흩어지다1'과 '흩어지다2'가 배치된 모습.

○
지금은 없어진 열차가 사라지거나 다시 나타나는 모습을 형상화했다.

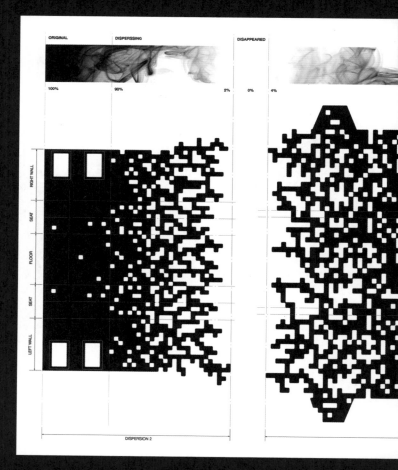

ORIGINAL   DISPERSSING   DISAPPEARED

100%   90%   2%   0%   4%

흩어지는 모습을 픽셀화하여 표현했다. 흩날리는 것처럼 보이지만
철판을 레이저로 가공해 제작하기 위해 조각들이 완전히
분리될 수는 없고 한 판으로 그려져야 했다.

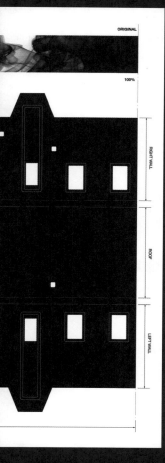

ORIGINAL

100%

RIGHT WALL

ROOF

LEFT WALL

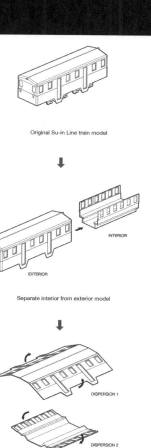

Original Su-in Line train model

↓

EXTERIOR

INTERIOR

Separate interior from exterior model

↓

DISPERSION 1

DISPERSION 2

Unfold

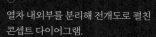

열차 내외부를 분리해 전개도로 펼친
콘셉트 다이어그램.

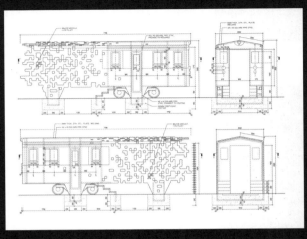

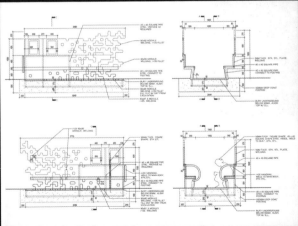

디지털 패브리케이션은 시공법 자체를 디자인해야 하므로
이를 위한 정교한 도면이 필요하다.

○
공장 제작 공정. 구조를 위해 내부에 각파이프를 넣었고,
양쪽 면은 레이저로 재단했다. 두 면이 만난 측면은
작업자가 얇은 철판을 일일이 접어가며 용접했다.

○
땅과 일체화되어 만나는 부분과
내부 의자 한쪽에 설치된 할머니 형상의 조형물.

15

윙타워
+
바람모양
+
플라워링

'흩어지다'와 거의 동일한 방식으로 만들어졌지만,
더욱 추상화되고 단순한 모습을 지닌 프로젝트들이다.
대부분 야외 공공조형물로 설치되었으며 대중의
호응이 가장 주요한 설치 목적이다.

입체에서의 면(Face)과 면(Surface)

초기 3D 컴퓨터 모델링은 위상학(Topology, 도넛과 손잡이 달린 컵은 구멍이 하나로 Torus라는 동일한 위상을 갖는 도형이다)을 이용해 찰흙처럼 볼륨을 매만지는 방식이었다. 단순한 매스를 기본으로 면을 쪼개가면서 점차 복잡한 디자인을 만든다. 직육면체에서 시작해 모서리를 둥글리고 굴곡을 생성하며 서서히 얼굴을 만들어가는 과정을 생각하면 된다. 이 방식은 앞서 얘기한 메시 모델링으로 미술에서 찰흙을 주물러 조소를 만드는 것과 비슷하다. 하지만 스케치에 가까운 이 모델링 방식은 정교한 벡터 데이터를 사용하는 건축설계에는 적합하지 않았고, 넙스라는 굴곡진 좌표체계를 사용하는 면(Surface) 중심의 디자인 방식이 등장했다. 이 방식이 주된 흐름이 되면서 건축 디자인 자체가 면을 다루는 3D 디자인이라는 생각이 주류가 되었다. 다시 디지털 소프트웨어가 발전하면서 넙스 면을, 위상을 사용한 메시 면(Face)과 함께 다루는 혼합된 방식이 나타났다. '이게 대체 무슨 소리인가?', '건축에 언제 이런 흐름이 있었는가?'라고 생각할 수 있다. 위의 흐름은 평면을 그리고 그것을 층층이 쌓은 뒤, 입면으로 사방을 막는 우리의 대다수 건축설계 방식과 관련이 없다.

'흩어지다'에서 언급했듯이 건축의 특성상 영구적으로 버티면서도 가공이 가장 쉬운 재료는 판형으로 사용되는 금속이다. 입체를 지닌 형태라면 전개도를 평면으로 펼쳐 레이저로 어떤 형태로든 절단하고 접을 수 있으며, 접착제 쓰듯이 용접할 수 있다. 남은 재료의 재활용 면에서도 종이 모형의 장점을 그대로 가지고 있다. 무엇보다 구조재의 역할을 할 정도로 강하다. 그렇다 보니 재료 가공의 측면에서 새로운 기술이라는 것은 이제는 좀 지난 이야기다. 여기에 설명하는 세 프로젝트는 2020년대에는 그다지 먹히지 않을, 10년 전쯤 화젯거리였던 면 가공 방식으로 이 세계에도 트렌드가 분명히 존재한다는 것을 보여주는 예시들이다. 유사한 시공 기법에 따른 결과물의 익숙함보다는 새로운 디자인 프로세스의 탐구로 여기는 편이 좋을 듯하다.

기술 분야에서의 트렌드

가끔 의뢰가 들어오는 설치 조형물은 많지 않은 비용으로 제작해 야외에서 임시 혹은 영구로 버텨야 하는 경우가 많다. 건축이라는 특성상 규모가 좀 컸으면 하는 바람에 금속 재료를 생각하기 마련이다. 곡면 혹은 곡면으로 이루어진 볼륨을 작은 삼각형으로 쪼개 전개도로 펼친 후 금속을 레이저 커팅하고 다시 접어 만드는 방식은, 한정된 예산 내에서 규모와 안정성을 찾을 수 있는 쉬운 방법의 하나다. 앞서 언급했듯 많은 프로젝트에 빈번하게 사용되면서 이 방식이 지닌 신선함은 사라져 버렸고 무엇보다 디지털 감성의 쪼개진 삼각형은 옛것이 되어버린 지라 좀 지루하게 느껴진다. 따라서 결과물의 의미보다는 디자인을 풀어가는 방식에 초점이 맞춰져 있다.

생성형 디자인은 디자이너가 선 하나, 부분 하나를 손(혹은 손으로 움직이는 마우스의 커서)으로 서서히 그려나가는 것이 아니라 알고리즘 등의 프로그래밍을 통해 한 번에 디자인하는 방식이다. 프로그램 내의 변수를 바꿈에 따라 디자인이 무한대로 다르게 생성되므로 디자인 시스템을 구축한다는 표현이 가장 적절하다.

'윙타워'는 '나무꾼과 선녀' 이야기를 모티브로 하여 날개옷을 찾은 선녀가 지상을 떠나 날아오르는 극적인 순간을 표현한 조형물이다. 날개옷이 천상과 지상을 연결하는 이동 수단이라는 점에 착안하여 하늘과 땅을 연결하는 수직 터널의 형태를 구상하였다. 시뮬레이션을 사용하여 원통형의 터널이 바람에 흔들리며 서서히 회전 상승하는 모습을 구현하였는데, 위로 올라갈수록 삼각형들이 점진적으로 분할되며 열린 공간으로 변모한다.

'바람모양' 역시 유사한 방식으로 바람에 날리며 끊임없이 움직이는 가벼운 천의 모습을 컴퓨터 시뮬레이션으로 모델링했다. 버려진 콘크리트 구조물이라는 주어진 대지 조건에 강한 대비를 주고자 했다.

'플라워링'은 약간 다른 방식으로 미리 만들어 놓은 링 형태에 다양한 꽃문양이 배치되는 방식을 시뮬레이션화하여 작업했다. 무엇보다 안쪽 면(Back face)을 시각적으로 강조하기 위해 핑크색을 칠했다.

디자인의 유행과 기술의 트렌드는 그 성격이 다르다. 디자인의 흐름은 레트로라는 이름으로 수십 년 후 다시 찾아올 수 있지만, 한물간 기술은 그냥 사라질 뿐이다. 디자인과 기술 분야를 모두 다루는 건축가가 이미 수많은 사용으로 이미지가 소모된 기술을 다뤄야 한다면 아마도 전략적으로 기술적인 측면을 숨겨야 할 필요가 있을 것이다.

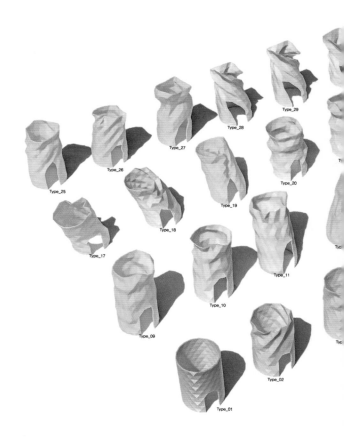

Type_29

Type_28

Type_27

Type_26

Type_25

Type_20

Type_19

Type_18

Type_17

Type_11

Type_10

Type_09

Type_02

Type_01

15 윙타워+바람모양+플라워링

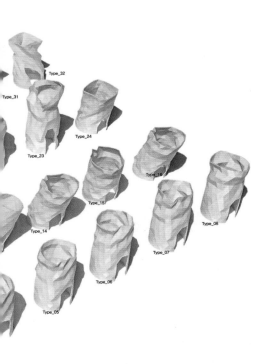

흩날리는 타워 형태를 만들기 위해 기본형(TYPE_01)을 설정해 놓고
강도(Intensity), 강성(Stiffness), 고정점(Fixed point), 방향(Direction),
견고성(Strength)의 변숫값을 바꿔가며 32개의 3D 프린팅 샘플을
만든 뒤 최종 결과물(TYPE_25)을 택했다.

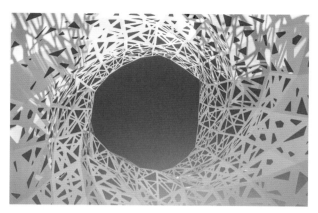

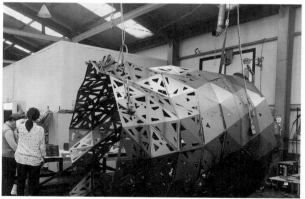

○

내부에서 올려다본 모습.

○

평면으로 자른 금속판을 다시 접고 용접하는 과정.

○
도산공원에 석 달 동안 설치되었던 '윙타워'.

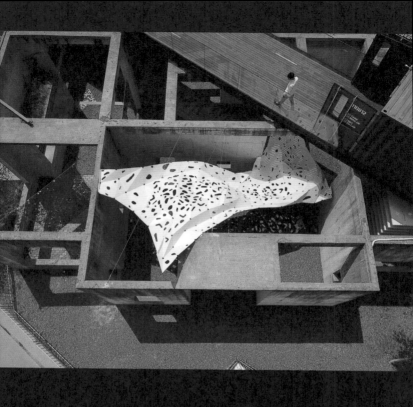

오래된 콘크리트 구조를 배경으로 둔 '바람모양'.

○
버려진 구조와 다양한 방식으로
만나는 설치물.

○
평면으로 자른 금속판을 다시 접고 용
접하는 공정을 거쳤다. 많은 프로젝트
가 같은 업체의 공장에서 만들어졌다.

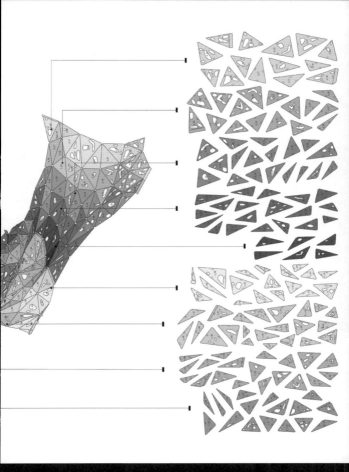

○
'바람모양' 전개도.

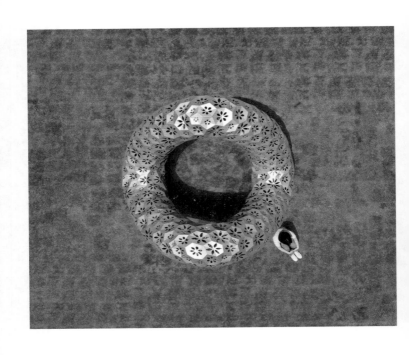

○
주민들은 관심을 가지지 않지만, 건축 법규상 아파트 단지에 설치해야 하는
영구 예술 작품인 '플라워링'. 방향에 따라 다양한 모습을 보여준다.

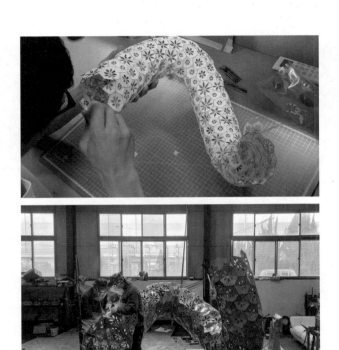

○
종이 스터디 모형(위)과 같은 방식으로 만들어지는 일대일 구조체(아래).

16

SoftShelf

가구는 작은 건축물이다. 규모만 다를 뿐 건축가는
건물과 동일한 접근 방식으로 가구를 디자인한다.
작지만 모형이 아닌 실물을 만들 수 있는 좋은 기회다.

건축가가 하는 일 – 재현(Representation)

흔히 건축가가 하는 일은 건물을 만드는 것이라고 생각하지만 실제로는 그렇지 않다. 건물을 만드는 것은 현장의 작업자들이고 건축가가 하는 일은 시공 직전 단계인 설명서를 만든다. 이를테면 도면·모형·투시도 등이 있다. 그렇기에 건축학과 학생들이 배우는 것도 집을 만드는 것을 배운다기보다는 집을 대신하는 무언가 혹은 집을 재현하기 위해 다른 무엇을 만드는 것(Representation)을 배운다고 할 수 있다. 그래서 학교에서 먹히는 건물은 따로 있다고 할 수 있다. 실제 건물을 직접 경험해야 알 수 있는 공간감이나 마감에 대한 접근보다는 콘셉트, 과정(Design process) 같은 논리에 더 초점이 맞춰져 있다.

　드물지만 어떤 학교들은 작은 건축이라고 할 수 있는 가구를 설계 스튜디오 주제로 정하고 가구를 만드는 것을 최종 목적으로 한다. 그렇게 되면 학생들은 지어질 수 없는 무언가의 재현이 아니라 건축의 최종 결과물을 완성하게 된다. 물론 지극히 개인적인 생각일 뿐 가구 제작이 건축학과의 가장 중요한 설계 스튜디오에 들어오는 경우는 많지 않다. 또한 많은 실무자와 학생들은 도면 작업과 3D 모델링, 모형 만드는 것이 그냥 건축이라고 생각하기 마련이고 어느 정도 맞는 말이기도 하다. 그러나 여전히 실제로 지어지는 것만이 진정한 건축으로 여겨지는 풍토에서 작게나마 지어질 수 있다는 의미를 지닌 가구 제작은 학생에게 자기 건축의 최종 결과물을 볼 수 있는 흔치 않은 기회이기도 하다.

모형은 건축의 결과물일 수 있는가

한국의 건축학교들도 그런 경우가 종종 있지만, 내가 공부한 미국 건축대학원에서는 학기 전 모든 설계 스튜디오 담당 교수들(보통 학년당 5~10개의 스튜디오가 있다)이 자기 반의 설계 주제를 발표하고 학생들은 순위를 적어 반을 정한다. 3년 동안 6학기를 들으면서 스튜디오 주제가 가구인 적은 단 한 번이었고, 나는 그 반을 1순위로 적었다. 그러나 인원을 다 못 채울 정도로 그다지 인기 있는 반은 아니었다. 주제도 너무 직접적인 파라메트릭 가구(Parametric Furniture)로 구매자가 자신의 취향대로 형태를 변형시켜 주문 생산한다는 내용이었다. 최종적으로 학생들은 가구를 제작해 최종 발표일에 그것을 보여줘야 했다.

실제 가구를 제작해야 하기에 비용과 일정의 제한이 있어 팀 작업으로 진행되었고, 각자 디자인을 발전시키던 중 교수가 비슷하게 보이는 프로젝트들끼리 묶어 팀을 만들어주었다. 나와 팀이 된 다른 친구(브라이언)는 안이 다르기에 하나의 프로젝트를 만들 수 없다고 끝까지 반발했지만, 결국 팀 작업을 시작했다. 아이러니하게도 졸업 후 이 친구와 5년 정도 설계사무실을 같이 운영했다. 사용자가 자기 취향에 맞게 변형시키는 시스템은 디지털 프로그래밍을 통해 3주 만에 완성되었다. 부드럽게 움직이며 변형되는 모습에서 'SoftShelf'라고 이름 붙여진 이 책장은 책 등의 물건을 꽂을 수 있도록 구매자의 취향에 맞게 변형된 직각 그리드에서 시작되었다. 미리 세팅된 파라메트릭 시스템 안에서 전체적 크기, 개별 박스의 축소와 확장, 변형의 영향력, 곡률, 당김 정도 등 다섯 가지 요소를 구매자가 조정함으로써 자신이 원하는 모습을 만들 수 있다.

　남은 학기의 절반은 그것을 어떻게 만들 것인가에 대한 테스트를 위한 시간이었다. 형태가 다른 마름모를 쌓아 올린 책장 디자인은 둥글린 모서리가 있으니 휘는 특성을 가진 금속이 가장 적절한 재료로 보인다는 교수의 의견이 있었으나, 보다 전통적인 재료를 원했던 우리는 반드시 나무여야 한다고 주장했다. 둥근 곡면을 다루는 법에 대한 수많은 시행착오 끝에 결국 모두 다른 모양을 지닌 형상을 20밀리미터 간격의 단면으로 썰어 붙이는 가장 단순한 방식으로 풀어냈다. 이는 디지털 디자인을 전통적인 재료로 구현하려는 의도에 잘 맞았다.

그리고 남은 시간 대부분은 최종 결과물을 만드는 데에 썼다. 3축 CNC를 이용해 단면의 곡선을 3주 동안 계속 잘랐다. 맨해튼 프로젝트의 핵무기 개발을 위한 입자 가속기가 있었던 컬럼비아 공대 건물 지하 2층에 있는 CNC를 몇 시간에 걸쳐 한 번 사용하고 나면 폭삭 늙는 기분이었다. 기계의 온라인 예약 따위는 존재하지 않아서 한번 쓰기 시작하면 멈출 때까지 다른 사람이 쓸 수 없는 시스템이었고, 28시간 동안 브라이언과 내가 번갈아 가며 음식을 사 오면서 버틴 적도 있었다. '건축가는 무조건 물리적인 무언가를 만들어낸다'라는 생각이 매우 강했고, 사람보다 큰 무언가를 만들어 재현을 위한 무언가가 아닌 건축의 최종 결과물을 완성하고자 했다.

현재의 나를 포함해 많은 교수님이 "학생이니까 다양한 시도를 해봐라, 좀 실패할 수도 있지."라고 말했지만, 당시 대학원생은 이미 일종의 실무자이고 프로 건축가와 맞설 수 있다는 생각 때문에 그런 말은 받아들일 수 없었고, 우리는 최고의 혁신적인 가구를 만들고자 했다. 학교 이름으로 밀라노 가구 박람회에 제출된 SoftShelf는 그해 박람회에서 유일하게 상품이 아닌 프로토타입으로 수상한 프로젝트가 되었다. 애석하게도 귀환할 돈이 없어 브라이언의 지인이 소유한 어느 이탈리아 호텔 지하에 여전히 놓여 있다. 그리고 브라이언은 현재 몬태나주립대의 건축학과 교수로 재직 중이다.

○
디지털로 구현된 눈에 익지 않은 형태와 가구에 사용되는
익숙한 재료를 동시에 보여주고자 했다.

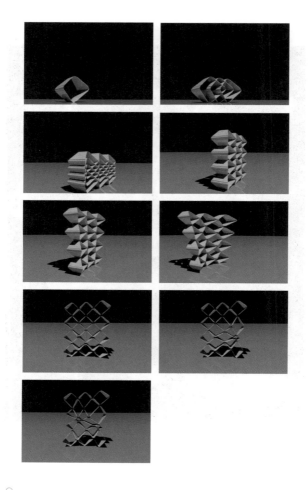

○
시뮬레이션을 통해 사용자의 취향에 맞게 변형된다.

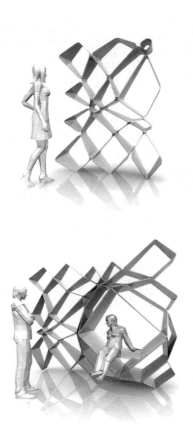

○
초기에는 사람이 들어가는 규모를 구상했으나
비용과 예산의 한계로 축소되었다.

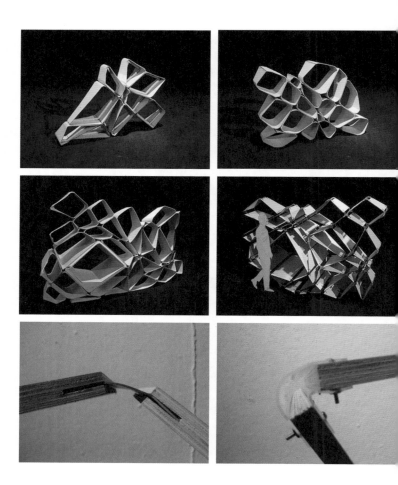

16　SoftShelf

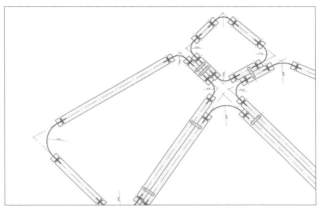

○
둥근 모서리는 종이로 쉽게 만들 수 있지만, 가구의 안정성과
디자인 퀄리티를 위해 다양한 재료로 스터디를 진행했다.

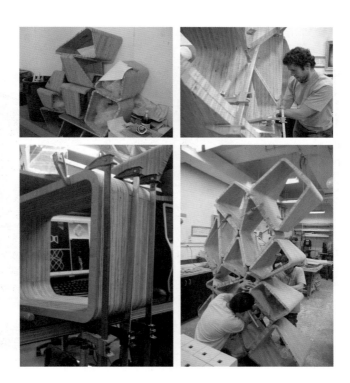

○

3주간 끊임없이 자르고 붙여 총 17개의 다른 형태의 박스로 구성된 책장을 만드는 과정. 박스 하나의 단면 더미를 자르는 데 꼬박 하루가 걸렸다. 디자인한 사람이 직접 만들 수밖에 없는 어려운 디자인을 했고, 지도교수에게 "너희는 일부러 복잡한 걸 하려고 한다(Complexity from complexity)."는 크리틱을 받았다.

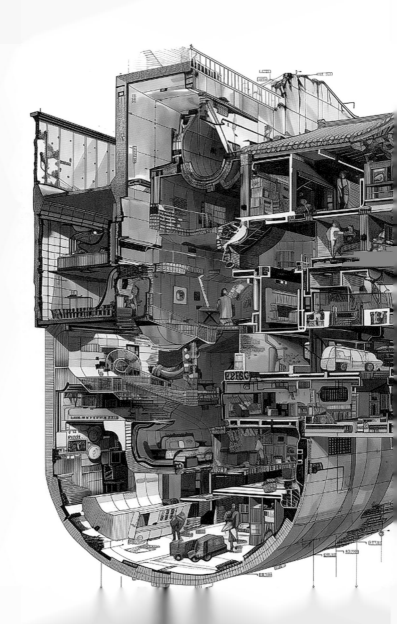

17

Vernacular
Versatility

인류와 일만 년을 함께 한 분야이니 '건축은 이런
것이다'라는 확신이 실무와 연구 영역 여기저기서
드러난다. 그러나 그게 아닐 수도 있지 않을까?
마침내 AI까지 등장한 시점이니 조금 더
유연한 사고가 필요할 듯하다.

건축 ≠ 건물, 디지털 건축 ≠ 비정형 건축 + BIM

많은 이는 건축가의 정체성을 집 짓는 사람으로 규정한다. 하지만 이 책을 통해 그 정의가 불완전하다는 것을 이야기하고 싶었다. 20세기 말에서 21세기 초의 몇몇 건축가들은 당시 나온 최신의 디지털 툴로 모니터 상에서만 존재하는 이상한 형태의 무언가를 미래의 건축이라고 주장했다. 이제는 많은 일반인도 쉽게 툴을 다루게 되면서 실재화되지 못한 접근은 무시되고 일축된다. 이러한 접근은 현재에 이르러서는 비정형 건축(우리나라에서만 쓰이는 좀 경직된 표현으로 일반적으로 곡면이 많은 특수한 디자인이라는 의미로 사용된다)과 BIM(Building Information Modeling: 건축물의 모든 정보를 디지털화하며 설계부터 시공·유지·관리에까지 효율성을 극대화하는 디자인 방법론을 뜻하며 일반적으로 'Revit'이라는 툴로 도면 작업을 한다)이라는 두 종류로 정리되는 듯하다. 이제는 학부생들도 당연하게 사용하는 '비정형 건축'은 시공하기 어려운 난해한 형태의 디자인을, 모니터 안에서만 가능한 괴상한 무언가로 비하하는 표현이므로 무시하는 것이 좋다고 생각한다. "디지털 설계이니 BIM 하시죠?" 대학 건축학과의 디지털 설계라는 세부 전공 교수로 부임하면서 가장 많이 들은 말이다. 하지만 디지털로 풀어내는 건축이 그저 지어질 수 없는 괴상한 형상(비정형 건축)과 도면 작성의 효율을 위해 모든 정보를 3차원 디지털화한 파일(BIM)의 총합이라는 것에 전혀 동의할 수 없다.

콘셉트로만 존재하는 건축의 의미

디지털 시스템 내의 견고한 콘셉트와 정교한 디자인 결과물은 그 나름의 의미를 지닌다. 어쩌면 가상 세계에 있어야 그 의미 혹은 주장이 명확해질 수도 있는 것이다. 그래서 콘셉트를 더욱 극적으로 구현하기 위해 어찌 보면 다소 과한 결과물을 제시하는 경우가 많다. 지금은 예전에 비해 의미가 약해졌지만, 뉴욕의 건축잡지사인 <이볼로(eVolo)>에서는 2005년부터 매해 초고층 건축 공모전을 열어 미래의 건축을 탐색했다. 오직 디지털 패널 두 장으로 심사하고, 사이트·규모·용도·주제 등은 모두 참가자가 자유롭게 설정했다. 수많은 젊은 건축가가 자신만의 설정을 들고 SF에 가까운 이미지와 이야기를 제출했다.

2014년, 전 세계 550개의 안 중에 1등을 차지한 안이 'Ver-na cular Versatility'이다. 기존의 건축공모전과 확연히 다른 성격으로 새로운 트렌드를 이끌어가는 공모전이었지만, 이미 10년

차에 접어들었기 때문에 웬만한 소재와 디자인은 다 나왔었다. 그러니 오히려 완전히 다른 소재보다는 한국 사람만이 이야기할 수 있는 전통 건축이 뉴욕에서 통할 수도 있다고 생각했다. 물론 같은 공모전에 네 번째 제출하는지라 나름대로 출제 유형을 이해했다고도 할 수 있다.

한옥은 서양식 주택에 상대적인 의미로, 한국의 전통 건축 양식으로 지은 집을 말한다. 한옥은 특유의 목구조와 기와로 특징 지어진다. 한옥의 미려한 처마는 형태적으로 강한 제스처를 지닐 뿐만 아니라 집 안으로 들어오는 빛을 조절한다. 나무로 이루어진 형태와 구조는 이 시스템 내외부에 모두 드러나는데, 기둥이 보와 만나는 못 없이 이루어진 결구부를 가구라고 부른다. 이 연결부는 한국 전통 건축을 상징하는 주요한 미학적 특징이 된다. 역사적으로 이 구조는 종교적인 상징으로서 높은 구조물을 만드는 데 쓰였으나 실제 사람이 사용하는 용도는 아니었다. 그러나 세월이 지나 1층짜리 주거를 위한 목적으로, 주로 평면을 중심으로 발전되었다. 하지만 최근 다양한 모델링 소프트웨어가 개발되면서 현재의 목적과 용도에 맞게 전통 구조를 현대적 고층 빌딩에 적용할 기회가 열리고 있다. 'Vernacular Versatility'를 통해 수백 년간 이어진 전통 구조가 지닌 기능과 미를 디지털 시대에 소환하고자 했다. 의도적으로 패널에 평면도 자체를 없애고 결합 방식만을 보여주는 이미지들을 주로 배치했다.

1970년대 이후, 도시가 발전하면서 현대적 아파트가 우리의 건설 환경을 휩쓸었고 한옥은 마을에서 사라져갔다. 하지만 2000년대부터 친환경 기능과 치유 효과가 알려져 한옥의 가치가 다시 주목받고 있다. 오늘날 많은 사람이 아토피와 천식 등 주거 환경에서 비롯된 질병을 치료할 목적으로 한옥으로의 이사를 고려한다. 그러나 한옥이 우리 건축물에서 차지하는 비중은 미미하다. 이 안은 의도적으로 프로그램이나 사이트와 무관하게 제안되었다. 별다른 지역적 특징이 없는 신촌에 있으며, 주위 건물과 마찬가지로 상업 및 주거 용도로 설계되었다. 사람들이 이 건물을 일상적인 용도로 사용하면서 전통에 대한 새로운 비전을 얻기를 바랐다. 전통 건축에 일반인이 관심과 흥미를 지니는 계기가 되었으면 했다.

그리고 인공지능

다시 10년이 지난 현재, 화려한 모델링의 소프트웨어를 통한 과격한 콘셉트의 난해한 디자인들도 이제는 유행이 지났고, 인공지능의 시대가 되었다. 선 하나를 그리는 데에도 민감한 건축가들에게 머릿속에 떠오른 무언가를 글(Prompt)로 설명해서 그것을 이미지로 보여주는 과정이 아직은 건축의 디자인 방법론으로 와닿지 않는다. 게다가 보수적인 건축 업계에서 인공지능을 포함한 최신 기술은 초보적인 수준이고, '집'만을 건축으로 인식하고 있는 우리 건축계에서 너무나 뜬구름 잡는 소리로 들린다. 예전에 캐드(CAD)가 처음 등장했을 때 '손 도면'과 구분하기 위해 '디지털 도면'이라는 용어를 사용했지만, 이제는 누구나 '도면' 하면 당연히 '디지털 도면'을 떠올린다. 이처럼 현재 우리 산업에서 당연시되거나 이상하게 보이는 것이 10년 혹은 20년 후에는 전혀 다른 의미로 받아들여질 수 있다.

결국 새로운 흐름의 건축을 현재를 대체할 새로운 패러다임보다는 건축이라는 영역의 확장으로 바라보는 게 옳을 듯하다. '이런 게 유행이라는데 과연 미래가 저렇게 바뀔까?', 나아가 '저게 집을 짓는 것과 무슨 상관인가?'라는 생각은 잠시 접고 새로운 기술들과 현재 건축의 접점이 어디에 있는지 살펴보는 열린 자세가 필요해 보인다. 건축만의 디자인 방법론에 새로운 기술이 접목되었을 때 어떠한 결과물 혹은 예상치 못한 독특한 프로세스가 나올 수 있는지 생각해 봐야 한다. 인공지능을 통한 이미지 생성 도구 역시 실재하기 어려운 괴상한 이미지들이나 만든다고 치부해 버리기보다는, 그런 것들을 건축은 어떻게 받아들일 것인가 고민하고 그런 건축도 충분히 존재 가치를 지닌다고 믿어야 한다.

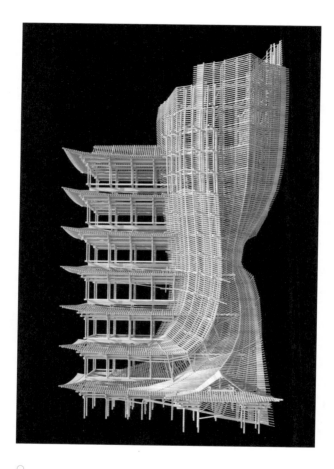

○
콘텍스트, 프로그램이 아닌 결합 방식에만 초점을 맞춘 가상의 건축.

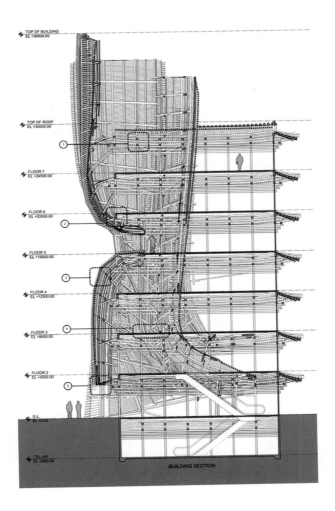

TOP OF BUILDING
EL +39500.00

TOP OF ROOF
EL +30000.00

①

FLOOR 7
EL +24500.00

FLOOR 6
EL +20500.00

②

FLOOR 5
EL +16500.00

③

FLOOR 4
EL +12500.00

④

FLOOR 3
EL +8500.00

FLOOR 2
EL +4500.00

⑤

G.L.
EL +0.00

CELLAR
EL -4000.00

BUILDING SECTION

○
(좌) 전통 목구조와 이를 변형한 모습이 공존하는 수직 한옥 구조체. 중국, 일본 등 다른 동아시아 건축과 형태적 구분을 위해 변형 전 모습을 작업할 땐 기존 한옥의 지붕 곡선을 바닥에 깔고 대고 그렸다.

○
(우) 실재보다는 콘셉트를 극대화하는 표현 방식.

○

'미드저니'라는 인공지능 툴을 활용해 만들어낸 한옥의 새로운 콘셉트들. 각각 털실·동판·풍선·설비·창호지 등 실현 가능하지 않을 법한 콘셉트를 강조한 모습이다. 자연어(우리가 일반적으로 사용하는 언어)를 읽어서 이미지를 만들어내는 툴은 정교한 텍스트 입력이 중요하다. 아직 완벽히 제어할 수 있는 디자인 툴이라기보다 '이런 건 어떨까' 그려보는 브레인스토밍 툴에 가깝다. 새 버전이 나올 때마다 매번 빠르게 발전하고 있으며, 이미지에서 나아가 간단한 영상이나 3D 파일까지 등장하고 있다. 이러한 때에 인간인 건축가 혹은 한국 건축가는 무엇을 할 수 있을까?

부록

1 맞춤집

위치: 서울 노원구
서울과학기술대학교 캠퍼스 내

연도: 2023

규모: 5.0m x 4.2m x 3.7m(높이)

제작 및 설치: Robotic Fabrication
Studio(오다찬, 김라영, 홍성민,
강한솔, 정바다, 노지수, 최재혁,
이유진, 이선우, 곽정균, 송지선,
최준서, 진희주, 원다운)

2 이끼기둥

위치: 서울 종로구 열린송현
녹지광장

연도: 2024

규모: 5.0m x 2.0m x 3.0m(높이)

전시: 서울조각페스티벌 '경계
없이 낮설게' 전

제작 및 설치: Robotic Fabrication
Studio(오다찬, 김예준, 유현경,
해티, 배서연, 손동욱, 홍성민,
유수형)

수상: 제6회 국제
CDRF(Computational Design and
Robotic Fabrication) 학회 Best
Paper Presentation 수상

3 필라멘트 마인드

공동설계: 브라이언 브러시(Brian
Brush)

데이터 비주얼라이제이션: 노아
윤스(Noa Younse)

위치: 미국 와이오밍주 테톤
카운티 공공도서관

연도: 2013

규모: 13.7m x 7.0m x 4.0m(높이)

수상: 테톤 카운티 영구 설치물
국제현상설계 당선

4 뿌리벤치

위치: 서울 용산구 한강공원
이촌지구

연도: 2018

규모: 706.5m² (지름 30m)

시공: ㈜선진플러스

수상: 2020 iF 디자인어워드 본상

5 분해농장

위치: 경기도 광주시

연도: 2022

규모: 1.5m(지름) x 5.0m(높이)

제작 및 설치: Robotic Fabrication Studio(김라영, 오다찬, 신홍직, 정바다, 이유진, 곽지환, 김승우)

6 면목119안전센터

공동설계: UPEM 건축

위치: 서울 중랑구 동일로 475

연도: 2017

연면적: 511.8m²

규모: 지하1층, 지상4층

수상: 지명현상설계 1등 당선

7 Dynamic Performance of Nature

공동설계: 브라이언 브러시

데이터 비주얼라이제이션: 노아 윤스

위치: 미국 솔트레이크 레오나르도 과학박물관

연도: 2011

규모: 28.0m x 4.3m(높이)

설치팀: Haley Blanco, Thomas Candee, Shaun Salisbury, Florence Schmitt, Hayes Shair, Danny Thai

수상: 레오나르도 미디어 설치물 국제현상설계 당선

8 SEAT

공동설계: 브라이언 브러시

위치: 미국 조지아주 애틀랜타 프리덤 파크

연도: 2012

규모: 13.7m x 7.0m x 4.0m(높이)

설치팀: Rudi Matheis–Brown, Tom Roncco, Kyle Holland, Larissa Hand, David Williams, Britni Jeziorski, Megan Mallery, Katie Seifert, Wendy Chou, Kayla Kirchberg, Sarah Turner, Emily Gilbert, Colleen Devoe, Casey Butler, Cydne Mayberry, Maria Lioy, Sydney Styles

수상: 플럭스 프로젝트 파빌리온 현상설계 당선

9 공포가변

위치: 서울 노원구
서울과학기술대학교 건축학과

연도: 2021

규모: 1.5m x 1.5m x 2.7m(높이)

3D 프린팅: ㈜3D솔루션

설치: Robotic Fabrication
Studio(권서현, 주지현, 김승우)

10 컨플럭스

위치: 서울 강남구 코엑스

연도: 2017

규모: 8.3m x 5.0m x 6.0m(높이)

시공: ㈜선진플러스

11 파도 파빌리온

위치: 인천 서구

연도: 2020

규모: 13.0m x 4.0m x 1.5m(높이)

3D 프린팅: 삼영기계㈜

12 무드맵

공동설계: 브라이언 브러시

데이터 비쥬얼라이제이션: 노아
윤스

위치: 서울대학교 미술관

연도: 2013

규모: 2.0m x 4.2m x 4.0m(높이)

전시: '데이터 큐레이션' 전

설치팀: 조광연, 박기범, 지영원,
김병화, 이민재, 남상기, 박다람,
박수영, 유현우

13 회현동 앵커시설

위치: 서울 중구

연도: 2019

규모: 8.3m x 5.0m x 6.0m(높이)

수상: 2019 대한민국 공공건축상
우수상

14 흩어지다

위치: 경기도 수원시

연도: 2015

규모:
흩어지다1 – 7.2m x 2.0m x
2.5m(높이)
흩어지다2 – 3.7m x 2.0m x
1.8m(높이)

시공: ㈜선진플러스

수상: 수원유람 수인선공원
공모전 당선

15-1 윙타워

위치: 서울 강남구 도산공원

연도: 2017

규모: 2.0m(지름) x 4.0m(높이)

전시: 설화문화전

시공: ㈜선진플러스

15-2 바람모양

위치: 경기도 화성시

연도: 2019

규모: 10.0m x 7.4m x 4.0m(높이)

전시: 소다미술관, 'FLOW
PROJECT: 움직임을 짓다' 전

시공: ㈜선진플러스

15-3 플라워링

위치: 대구 남구

연도: 2022

규모: 3.5m x 3.5m x 3.0m(높이)

시공: 이상현

16 SoftShelf

공동설계: 브라이언 브러시

연도: 2008

규모: 1.5m x 0.8m x 2.0m(높이)

수상: 2009 밀라노 가구박람회
Rima Editrice Young & Design
Compeition, Special Mention
수상

17 Vernacular Versatility

연도: 2014

수상: eVolo 국제 초고층건축
공모전 1등

Thanks to.

사진을 제공해준 신경섭, 이한울, The Leonardo,
Noa Younse, Peter Katz 님께 감사의 말을 전합니다.

생각의 구축

아이디어를 구현하는 건축가의 사고법

1판 1쇄 인쇄 | 2024년 10월 10일
1판 1쇄 발행 | 2024년 10월 25일

지은이 이용주
펴낸이 송영만
편집 송형근 이나연
표지 디자인 오승예　**본문 디자인** 신정난 오승예
마케팅 임정현 최유진
펴낸곳 효형출판
출판등록 1994년 9월 16일 제406-2003-031호
주소 10881 경기도 파주시 회동길 125-11(파주출판도시)
전자우편 editor@hyohyung.co.kr
홈페이지 www.hyohyung.co.kr
전화 031-955-7600

ⓒ 이용주, 2024
ISBN 978-89-5872-236-6 02540

값 20,000원